"十四五"职业教育国家规划教材

"十三五"职业教育国家规划教材
1+X职业技能等级证书（数据采集）配套教材

数据采集技术（初级）

组　编　浪潮优派科技教育有限公司
主　编　刘何秀　穆建平
副主编　许文宪　徐翠娟
参　编　姬忠红　代　敏　刘丛丛

机械工业出版社

本书为“十四五”职业教育国家规划教材，也是1+X职业技能等级证书（数据采集）配套教材，内容涵盖1+X《数据采集职业技能等级标准》规定的技能要求。

本书按照数据采集系统的开发流程介绍了数据采集各个方面的开发技术，包括初识数据采集、分析网络数据报、操作数据库、制作慕课网首页、抽取网页数据、初识Python、爬取网络数据、项目实战：网络爬虫、创建Spring Boot项目、项目实战：业务系统日志数据采集、项目实战：数据库数据采集，详细直观地介绍了数据采集的实现过程。

本书适用于1+X数据采集职业技能等级证书培训的学员及培训教师使用，也可作为各类职业院校计算机等相关专业的教材，还可作为数据采集从业人员的参考用书。

本书“纸数融合”，配有电子课件、源代码、参考答案等教学资源，教师可登录机械工业出版社教育服务网（www.cmpedu.com）免费注册并下载或联系编辑（010-88379194）咨询。本书还配有微课视频，读者可直接扫描书中二维码进行观看。

图书在版编目（CIP）数据

数据采集技术：初级 / 刘何秀，穆建平主编．—北京：机械工业出版社，2020.9（2025.1重印）

1+X职业技能等级证书（数据采集）配套教材

ISBN 978-7-111-66509-0

Ⅰ．①数…　Ⅱ．①刘…　②穆…　Ⅲ．①数据采集—职业技能—鉴定—教材　Ⅳ．①TP274

中国版本图书馆CIP数据核字（2020）第171826号

机械工业出版社（北京市百万庄大街22号　邮政编码100037）

策划编辑：李绍坤　梁　伟　　责任编辑：梁　伟　张星瑶

责任校对：朱继文　张　征　　封面设计：鞠　杨

责任印制：常天培

北京机工印刷厂有限公司印刷

2025年1月第1版第13次印刷

184mm×260mm・15印张・322千字

标准书号：ISBN 978-7-111-66509-0

定价：49.80元

电话服务	网络服务
客服电话：010-88361066	机　工　官　网：www.cmpbook.com
010-88379833	机　工　官　博：weibo.com/cmp1952
010-68326294	金　书　网：www.golden-book.com
封底无防伪标均为盗版	机工教育服务网：www.cmpedu.com

关于“十四五”职业教育
国家规划教材的出版说明

为贯彻落实《中共中央关于认真学习宣传贯彻党的二十大精神的决定》《习近平新时代中国特色社会主义思想进课程教材指南》《职业院校教材管理办法》等文件精神，机械工业出版社与教材编写团队一道，认真执行思政内容进教材、进课堂、进头脑要求，尊重教育规律，遵循学科特点，对教材内容进行了更新，着力落实以下要求：

1. 提升教材铸魂育人功能，培育、践行社会主义核心价值观，教育引导学生树立共产主义远大理想和中国特色社会主义共同理想，坚定“四个自信”，厚植爱国主义情怀，把爱国情、强国志、报国行自觉融入建设社会主义现代化强国、实现中华民族伟大复兴的奋斗之中。同时，弘扬中华优秀传统文化，深入开展宪法法治教育。

2. 注重科学思维方法训练和科学伦理教育，培养学生探索未知、追求真理、勇攀科学高峰的责任感和使命感；强化学生工程伦理教育，培养学生精益求精的大国工匠精神，激发学生科技报国的家国情怀和使命担当。加快构建中国特色哲学社会科学学科体系、学术体系、话语体系。帮助学生了解相关专业和行业领域的国家战略、法律法规和相关政策，引导学生深入社会实践、关注现实问题，培育学生经世济民、诚信服务、德法兼修的职业素养。

3. 教育引导学生深刻理解并自觉实践各行业的职业精神、职业规范，增强职业责任感，培养遵纪守法、爱岗敬业、无私奉献、诚实守信、公道办事、开拓创新的职业品格和行为习惯。

在此基础上，及时更新教材知识内容，体现产业发展的新技术、新工艺、新规范、新标准。加强教材数字化建设，丰富配套资源，形成可听、可视、可练、可互动的融媒体教材。

教材建设需要各方的共同努力，也欢迎相关教材使用院校的师生及时反馈意见和建议，我们将认真组织力量进行研究，在后续重印及再版时吸纳改进，不断推动高质量教材出版。

机械工业出版社

前言

党的二十大报告中提出"加快发展数字经济，促进数字经济和实体经济深度融合，打造具有国际竞争力的数字产业集群"。随着互联网的飞速发展，各个行业产生了海量的数据信息。传统以处理器为中心的数据采集方法，由于其存储、管理的数据量相对较小，并不能很好地进行庞大数据的采集，而数据采集技术的出现使这一问题得到解决，能够实现对各种来源数据的采集，从而减轻了数据采集人员的工作量，提高了数据采集的效率。本书旨在为数据采集的实现提供技术指导，帮助开发人员快速实现海量数据的采集。

本书的特点

本书是1+X职业技能等级证书（数据采集）配套教材，内容涵盖1+X《数据采集职业技能等级标准》规定的技能要求。

本书从不同的视角对数据采集的各种方式以及典型的工作项目案例进行介绍，涉及数据采集的各个方面，主要包含初始数据采集、分析网络数据报、操作数据库、制作慕课网首页、抽取网页数据、初识Python、爬取网络数据、项目实战：网络爬虫、创建Spring Boot项目、项目实战：业务系统日志数据采集、项目实战：数据库数据采集，提高实际开发水平和项目能力。全书知识点的讲解由浅入深，使读者能有所收获，也保持了整本书的知识深度。

本书采用项目式编写结构，条理清晰、内容详细。每个项目都通过项目情景、学习目标、任务描述、任务步骤、知识储备、拓展任务、项目总体评价和练习题8个模块进行相应知识的讲解。其中，项目情景通过实际情景引出本项目学习的主要内容，学习目标对本项目内容的学习提出要求，任务描述对任务的实现进行概述，任务步骤对任务进行具体的实现，知识储备对任务中所需的知识进行讲解，拓展任务对所学知识进行补充，使学生全面掌握所学内容。

本书还引导学生牢固树立法治观念，自觉践行职业精神和职业规范，在附录中将数据采集相关法律条款摘编，强化对相关法律概念的认知。

本书的主要内容

本书共11个项目。

项目1从数据采集概念开始，讲述了数据采集的定义、数据采集的流程、数据采集的方式等内容。

项目2详细介绍了网络数据报的分析过程，包含Wireshark的安装、基础网络数据的分析、ARP和IP的分析、TCP的分析以及HTTP的分析。

项目3详细介绍了数据库的使用，包括MySQL数据库简介、数据库的创建、数据的查询以及索引的创建等。

项目4详细介绍了慕课网首页的制作，包括HTML基础、CSS样式设置以及JavaScript交互实

现等。

项目5详细介绍了网页数据的抽取，包括使用XPath提取网页数据、使用正则表达式提取网页数据。

项目6详细介绍了Python语言的使用，包括Python语言简介、基本语法、运算符、数据类型、函数、条件语句、循环语句、XML、JSON以及Socket模块使用等。

项目7详细介绍了网络数据爬取，包括爬虫的概念、类型、用途、实现以及urllib模块、requests模块、Beautiful Soup模块的使用。

项目8详细介绍了如何对手机端数据和浪潮优派信息网站数据进行爬取。

项目9详细介绍了Spring Boot项目的创建，包括业务系统概述、业务系统的行为数据产生及价值、业务系统的开发语言与技术框架以及J2EE框架下的业务系统开发模式。

项目10详细介绍了如何对业务系统日志数据进行采集。

项目11详细介绍了如何对数据库数据进行采集。

教学建议：

项　　目	操作学时	理论学时
项目1　初识数据采集	3	3
项目2　分析网络数据报	3	3
项目3　操作数据库	3	3
项目4　制作慕课网首页	4	4
项目5　抽取网页数据	3	3
项目6　初识Python	4	4
项目7　爬取网络数据	3	3
项目8　项目实战：网络爬虫	3	1
项目9　创建Spring Boot项目	3	3
项目10　项目实战：业务系统日志数据采集	3	1
项目11　项目实战：数据库数据采集	3	1

本书由浪潮优派科技教育有限公司组编，刘何秀和穆建平任主编，许文宪和徐翠娟任副主编，姬忠红、代敏和刘丛丛任参编。

由于编者水平有限，书中难免出现疏漏或不足之处，敬请读者批评指正。

编　者

二维码索引

（续）

CONTENTS

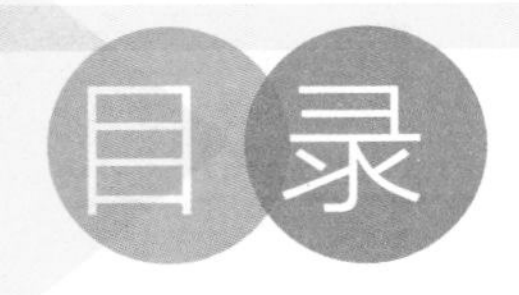

目录

Project 1

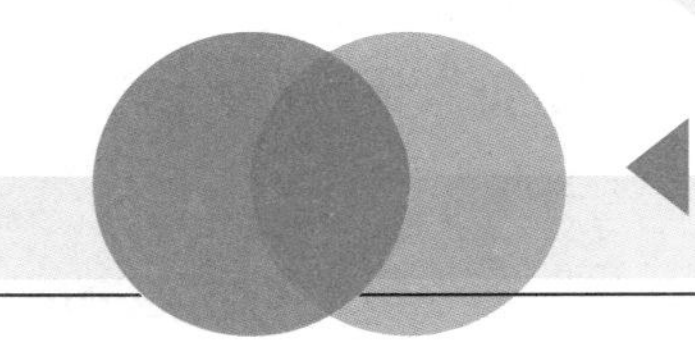

项目 1 初识数据采集

项目情境

经理：小张，在信息技术高速发展的时代，越来越多的信息发布到网站上，那么如何分析一个网站的数据呢？

小张：需要使用网络爬虫，爬取想要获得的内容并分析。

经理：那对于咱们公司使用的系统，要怎样看谁登录和操作的次数最多呢？

小张：这个就不可以用网络爬虫了，可以试试业务日志采集。

经理：那数据库中的相关操作怎么看呢？

小张：需要查看数据库日志文件。

经理：看来你知道的数据采集类型还不少，你抽时间给大家培训下吧。

小张：保证完成任务。

小张和经理谈完话后，经过查阅资料和学习，整理了什么是数据采集、数据采集的类型、数据采集的流程、数据采集的方法等，他想借助数据采集方法中的商业工具来让其他同事了解一下数据采集的相关内容。

学习目标

【知识目标】

- 了解数据采集的定义
- 了解数据的应用价值
- 了解数据的类型
- 了解数据采集范围的划分

- 掌握数据采集的流程
- 了解数据采集的方法

【技能目标】

- 能够下载安装八爪鱼采集集软件
- 能够在八爪鱼采集器中设置采集字段
- 能够使用八爪鱼采集器成功采集数据

任务　采集网址数据

素养提升

健康医疗大数据是推动区域健康医疗数据互联融合、开放共享，促进数据安全规范、应用创新发展和模式变革的基础性战略资源，是深化健康医疗应用和推动“互联网+健康医疗”服务、探索互联网健康医疗新模式的基础保障。在瑞士日内瓦举办的2022年信息社会世界峰会（WSIS）上，中国电信（601728）“医疗大数据应用平台”产品荣获WSIS 2022电子健康领域冠军奖。该平台产品为健康医疗行业区域数据协同共享提供了有效的服务支撑，促进了区域健康医疗大数据分析应用的发展，对区域健康医疗大数据中心建设和数据价值挖掘具有示范意义。另外，慧康医信也围绕智慧医疗健康，以临床知识库、病历语义识别的开发应用为基础，构建了高质量的医疗健康大数据平台，通过人工智能技术对大数据进行分析处理，为医疗机构、药企、保险公司、健康管理中心、政府、个人等提供了有价值的数据产品服务。我国健康医疗大数据事业已经取得了长足的发展。然而，目前我国仍急需大量数据采集人才。因此，我们现在需要做的是认真、努力地学习数据采集以及相关技术，争做为国家和社会做贡献的人才。

任务描述

随着互联网的快速发展，越来越多的信息被发布到互联网上，虽然搜索引擎可以帮助人们寻找信息，但也拥有局限性。在这种情况下，数据采集应运而生。本任务是通过使用八爪鱼采集器采集浪潮的网址数据来了解什么是数据采集、数据采集的流程和方法。实现本任务的思路是：

1）打开八爪鱼官网，下载八爪鱼采集器。

2）安装成功后，创建自定义任务。

扫码看视频

3）确定需要采集的地址。

4）确定需要采集的字段并开始采集数据。

任务步骤

第一步：打开八爪鱼官网，下载八爪鱼采集器，如图1-1所示。

第二步：下载之后解压文件，找到“Octopus Setup 8.1.8.exe”文件，双击安装该软件（默认安装即可）。

第三步：安装成功后打开该软件，出现登录界面，如图1-2所示。

第四步：输入账号、密码并单击“登录”按钮后，进入八爪鱼首页，如图1-3所示。

第五步：选择“新建”→“自定义任务”命令，在“网址”文本框中输入“https://www.inspur.com”，如图1-4所示。

图1-1 八爪鱼官网

图1-2　八爪鱼登录界面

图1-3　八爪鱼首页

图1-4　自定义任务

第六步：单击“保存设置”按钮开始爬取浪潮网站的数据，如图1-5所示。

第七步：单击“不再自动识别”按钮，打开“操作提示”窗口，如图1-6所示。

图1-5　开始爬取浪潮网站的数据

第八步：设置采集字段，选择“添加当前网页信息”→“页面网址”命令，如图1-7所示。此时流程图中只有“打开网页”。

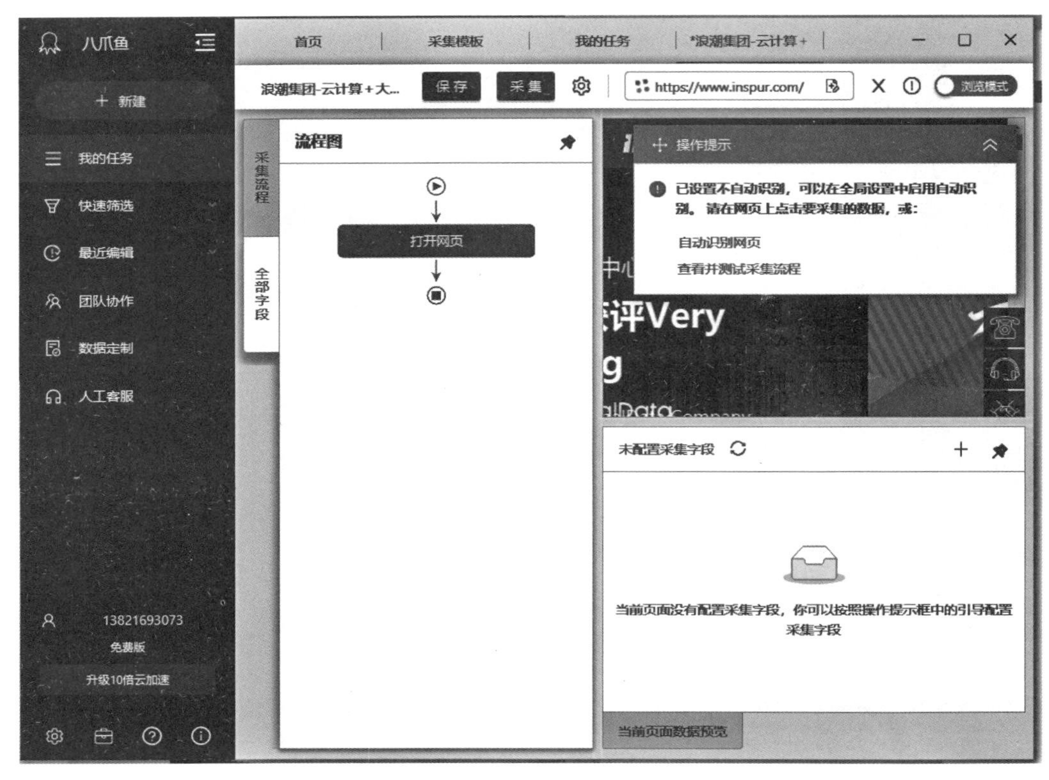

图1-6 “操作提示”窗口

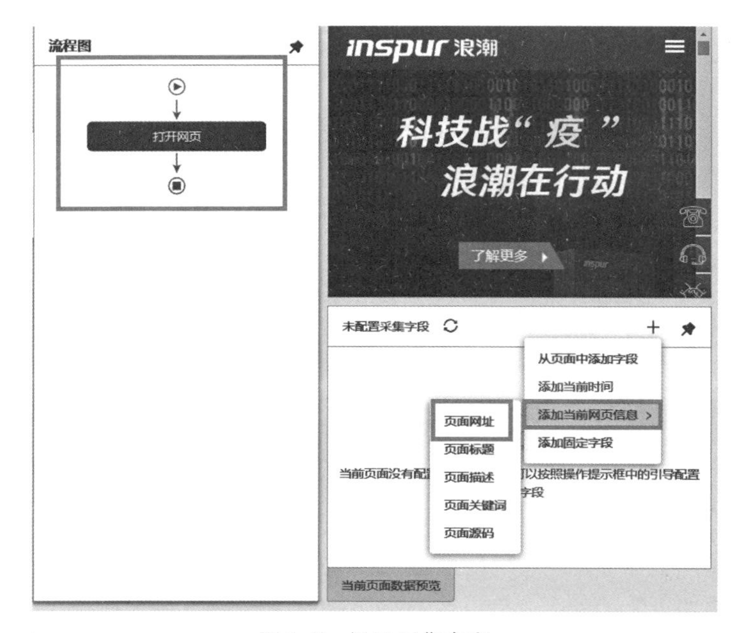

图1-7 设置采集字段

设置采集字段后如图1-8所示，此时网址对应的链接已正确显示，流程图也变为“打开网页”→“提取数据”。此时数据已采集完成。

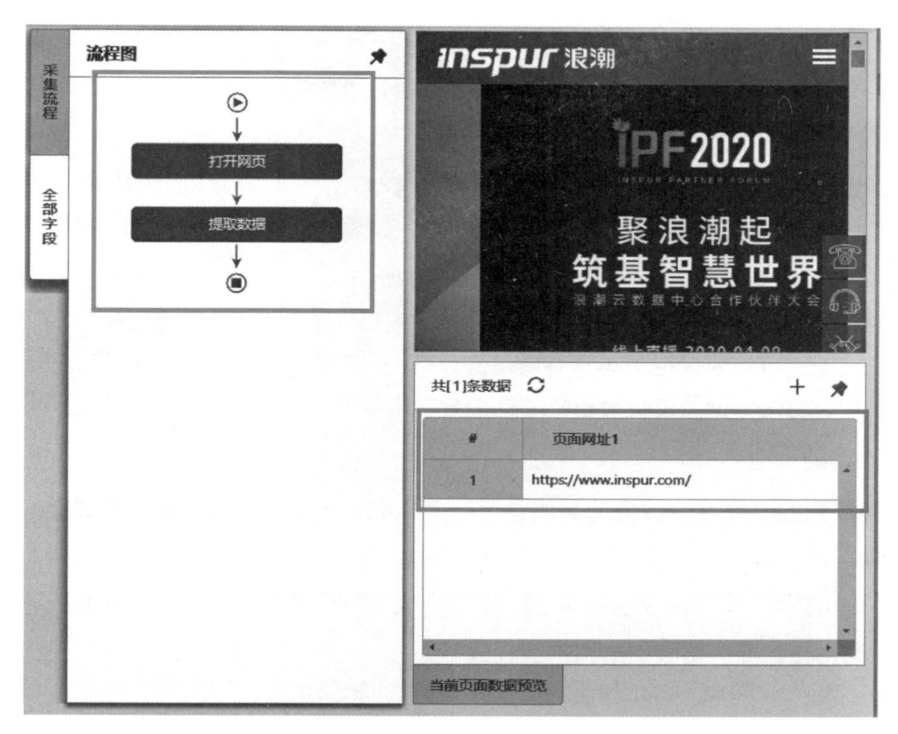

图1-8　数据采集完成

知识储备

1. 什么是数据采集

（1）数据采集的定义

数据采集又称数据获取，是利用一种装置或程序从系统外部采集数据并输入到系统内部的一个接口。数据采集一般有以下3个特点：

1）数据采集以自动化手段为主，尽量摆脱人工录入的方式；

2）采集内容以全量采集为主，摆脱对数据进行采样的方式；

3）采集方式多样化、内容丰富化，摆脱以往只采集基本数据的方式。

数据采集是大数据分析的入口，是非常重要的一个环节。因此，数据采集需要具备以下3个特性：

1）全面性：数据量具有分析价值、数据面足够支撑分析需求。

2）多维性：采集的数据更重要的是能满足分析需求。要灵活、快速地自定义所采集数据的多种属性和不同类型，从而满足不同的分析目标。

3）高效性：包含技术执行的高效性、团队内部成员协同的高效性以及数据分析需求和目标实现的高效性。也就是说一定要明确数据采集的目的，带着问题搜集信息，使采集更高效、更有针对性。此外，还要考虑数据的及时性。

（2）数据的应用价值

数据采集是大数据产业的基石。但是数据采集并不容易，各行各业包括政府部门的信息化建设都是封闭式进行，海量数据被封在不同的软件系统中，数据源多种多样，数据量大、数据更新快。

数据采集的重点不在于数据本身，而在于如何真正地解决数据运营中的实际商业问题。但是，要解决商业问题就得让数据采集产生价值，就得做数据分析和数据挖掘。而在数据分析和数据挖掘之前，首先要保证采集到高质量的数据。只有对所需的数据进行全面准确采集、形成数据流规模，再对数据流进行分析，才能使分析出的数据结果对决策行为有指导性作用。

（3）数据的类型

从采集数据的类型看，数据的类型是复杂多样的，包括结构化数据、非结构化数据和半结构化数据。

1）结构化数据：结构化数据最常见，就是具有模式的数据，如图1-9所示。

2）非结构化数据：指数据结构不规则或不完整，没有预定义的数据模型，包括所有格式的办公文档、文本、图片、各类报表、图像和音频/视频信息等。

3）半结构化数据：介于结构化与非结构化之间的数据，如XML、HTML和JSON就是常见的半结构化数据，如图1-10所示。

id	name	age	gender
1	Liu Yi	20	male
2	Chen Er	35	female
3	Zhang San	28	male

图1-9　结构化数据

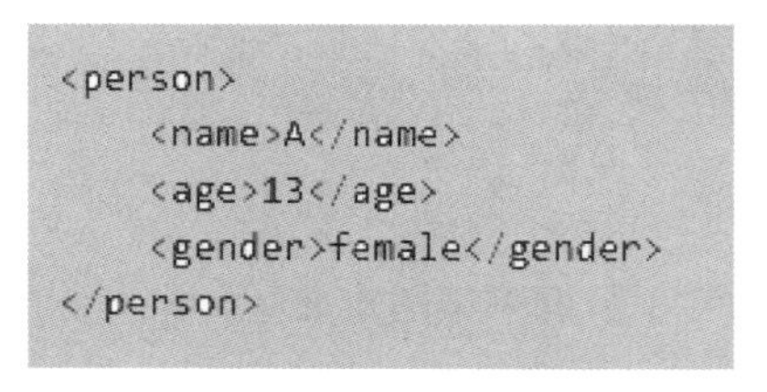

图1-10　半结构化数据

（4）数据采集范围的划分

按照数据产生的主体不同，数据采集范围主要包括数据库采集、系统日志采集、网络数据采集、感知设备数据采集等。

1）数据库采集：主要是使用MySQL和Oracle等关系型数据库，Redis、MongoDB和HBase等NoSQL数据库进行数据采集。企业通过在采集端部署大量数据库并实现这些数据库之间的负载均衡和分片，来完成大数据的采集工作。

2）系统日志采集：主要用于收集公司业务平台产生的大量日志数据，供离线和在线的大数据分析系统使用。日志采集系统具备高可用性、高可靠性和可扩展性，系统日志采集工具均采用分布式架构，能够满足每秒数百兆字节的日志数据采集和传输需求。

3）网络数据采集：是通过网络爬虫技术实现从公开网站或API获取数据信息的过程，使用网络爬虫时会从一个或若干个初始网页的URL开始获取各个网页上的内容，并且在抓取网页的过程中不断从当前页面上抽取新的URL放入队列，直到满足设置的停止条件。爬取的数据存储在本地的存储系统中。

4）感知设备数据采集：感知设备是一种检测装置，能感受到被测量的信息，并能将感受到的信息按一定规律转换为电信号或其他所需形式的信息输出，以满足信息的传输、处理、存储、显示、记录和控制等要求。在工作现场会安装各类传感器，如压力、温度、流量、声音、电参数等，传感器对环境的适应能力很强，可以应对各种恶劣的工作环境。

2．采集流程

数据采集可以将非结构化数据从网页或者业务处理系统中抽取出来，将其存储为统一的本地数据文件，并以结构化的方式存储。它支持图片、音频、视频等文件或附件的采集，附件与正文可以自动关联。

（1）网页爬取的采集流程

在网页数据采集的过程中，一般需要经过采集、清洗、存储3个步骤，具体介绍如下。

第一步：采集数据。

网络爬虫的第一步是本地对起始URL发送请求以获取其返回的响应，以提取包含在其中的数据。此步骤一般情况下是通过Python实现。

提取数据实质上是解析网页，需要完成两件事情，一是提取网页上的链接，二是提取网页上的资源。

1）获取链接：实质上是指获取存在于待解析网页上的其他网页链接，网络爬虫需要给这些链接发送请求，如此循环，直至把特定网站全部抓取完毕。

2）获取数据：获取数据是网络爬虫的目的，常见的数据类型列举如下：

- 网页文本：HTML、JSON等；
- 图片：JPG、GIF、PNG等；
- 视频：MPEG-1、MPEG-2和MPEG-4、AVI等。

第二步：清洗数据。

清洗数据是采集数据之后的一个非常重要的步骤，通过数据清洗来统一数据的格式，减少数据分析中存在的众多问题，准确分析数据，从而提高数据的分析效率。在网页中，可以剔除一些与内容无关的标记，如样式、脚本等。

第三步：存储数据。

存储数据是网络爬虫的最后一步，获取的数据在进行适当的处理后就可以保存起来并用于进一步的分析。

使用网络爬虫的相关知识除了可以实现网站页面的爬取，还可以实现App中页面相关信息的爬取，由于手机的普及，App中相关的信息也同样是大数据分析中不可或缺的一部分。

（2）日志数据类型的数据采集

在日志数据类型的数据采集过程中，ETL起着非常重要的作用。ETL是将业务系统的数据经过抽取（Extract）、清洗转换（Transform）之后加载（Load）到数据仓库的过程，其目的是将企业中分散的、零乱的、标准不统一的数据整合到一起，从而达到更好的分析效果，为企业决策提供分析依据。具体步骤如下：

第一步：采集数据。通过采集工具（Filebeat等）配置，完成采集。

第二步：清洗数据。通过开源工具（Logstash等）配置来接收原始的日志数据并进行拆分、验证。

第三步：存储数据。通过开源工具（Logstash等）将采集结果存入数据库或文件中。

3．采集方法

（1）手工编程

Python：是一种免费的开源语言，因其易用性而常常与R相提并论。与R不同，Python很容易上手且易于使用。使用Python提供的资源库可以实现简单数据的爬取。

（2）开源工具

Filebeat：是一种开源的本地文件日志数据采集器，可以监控日志目录的日志文件，在使用过程中通过简单的命令配置即可实现通用日志格式的收集过程。在使用过程中涉及两个组件—— 查找器Prospector和采集器Harvester来读取文件，并将事件数据发送到指定的输出。

Logstash：是一种在日志关系系统中进行日志采集的设备，简单来说Logstash就是一根具备实时数据传输能力的管道，负责将数据信息从管道的输入端传输到管道的输出端；同时这根管道还可以根据自己的需求加上滤网。

Flume：是一个分布式的、高可靠的、高可用的日志采集器，主要用于将大批量的不同数据源的日志数据进行收集、聚合并移动到数据中心—— 分布式文件系统（Hadoop Distributed File System，HDFS），从而进行存储。

（3）商业工具

浪潮数据采集平台：提供多场景数据计算和分析挖掘的科研基础环境，充分结合行业课题的相关数据，并利用大数据技术深入挖掘分析，满足行业大数据的科研工作需求，进一步提升高校的大数据科研水平，借助完善的“产学研”体系实现科研成果向业务价值的转化。

日志易：是一款专业的日志分析工具，该平台提供功能强大、简单易用的搜索方式，包括范围查询、字段过滤、正则表达式、NOT/AND/OR布尔值、模糊匹配等方式，并能对查询字段高亮显示、定位日志的上下文，TB级海量数据可快速返回搜索结果。

八爪鱼采集器：是一款免费的、简单直观的网页爬虫工具，无须编码即可从许多网站抓取数据。为了减少使用上的难度，八爪鱼为初学者准备了“网站简易模板”，涵盖市面上的多数主流网站。用户使用简易模板时无需进行任务配置即可采集数据。简易模板为采集小白建立了自信。此外，还可以设置定时云采集，实时获取动态数据并定时导出数据到数据库或任意第三方平台。

拓展任务

使用浪潮数据采集平台采集浪潮官网的图片和文件，并保存在数据库中。任务思路如下:

1）打开浪潮数据采集平台。

2）设置采集链接及采集条件。

3）采集数据。

4）把采集的数据保存在数据库中。

项目总体评价

通过学习本项目，检查自己是否掌握了以下技能，在技能检测表中标出已掌握的技能。

评价标准	个人评价	小组评价	教师评价
安装八爪鱼软件			
使用八爪鱼采集器采集数据			
使用浪潮数据采集平台采集数据			

备注：A为能做到，B为基本能做到，C为部分能做到，D为基本做不到。

练习题

填空题

1．数据采集需要具备______、______和______3个特性。

2．数据采集，又称数据获取，是利用一种装置或程序从系统外部采集数据并输入到系统内部的一个______。

3．高效性包含______的高效性、______的高效性以及______高效性。

4．从采集数据的类型看，数据的类型是复杂多样的，包括______、______和______。

5．按照数据产生的主体不同，数据采集范围主要包括______、______、______、______等。

Project 2

项目2 分析网络数据报

项目情境

经理：小张，在信息技术高速发展的时代，大家都离不开网络，你了解网络协议吗？

小张：现在上的网不就是网络吗？网络协议是什么？

经理：看来你的网络知识还是比较匮乏呀！

小张：是的，没有怎么学过计算机网络相关的协议。

经理：抓紧时间学习一下计算机网络基础知识和常用的一些协议吧。

小张：好的，没问题。

经理：了解完计算机网络的基础知识后，最好能够使用一款工具实现对网络协议的继续数据分析。

小张：保证完成任务。

小张和经理谈完话后，开始进入了学习和调研阶段，经过查阅资料和学习，了解到使用Wireshark工具可以对网络协议数据报进行分析，于是开始了使用Wireshark工具探究网络协议数据报之旅。

学习目标

【知识目标】

- 了解计算机网络的概念及发展历史
- 掌握计算机网络的分类
- 掌握ARP缓存表和报文格式
- 掌握TCP三次握手的流程
- 掌握TCP数据报的格式

- 了解HTTP及工作原理
- 掌握HTTP请求和响应报文的格式

【技能目标】

- 下载Wireshark并安装Wireshark
- 能够使用Wireshark分析ARP
- 能够使用Wireshark分析IP
- 能够使用Wireshark分析TCP
- 能够使用Wireshark分析HTTP

任务1 安装Wireshark

素养提升

回首过去，我国网信事业取得了举世瞩目的成就，网民规模跃居全球首位，互联网发展水平全球第二。我国已建成全球规模最大5G网络和光纤宽带，5G基站数达到185.4万个，5G移动电话用户超过4.55亿户。网络安全作为网络强国、数字中国的底座，将在未来的发展中承担托底的重担，是我国现代化产业体系中不可或缺的部分，既关乎国家安全、社会安全、城市安全、基础设施安全，也和每个人的生活密不可分。作为计算机从业人员的我们，应该更加重视网络安全，不能给国家和社会带来危害。

任务描述

在学习网络的过程中，小张想使用Wireshark分析网络数据，使用Wireshark的前提是安装该软件。本任务是下载安装Wireshark，思路如下：

1）打开Wireshark官方网站，找到需要下载的软件版本进行下载。

2）安装Wireshark软件并验证是否成功安装。

扫码看视频

第一步：下载Wireshark软件（此处以Windows为例）。

打开Wireshark官方网站，如图2-1所示，下载对应版本的Wireshark软件。

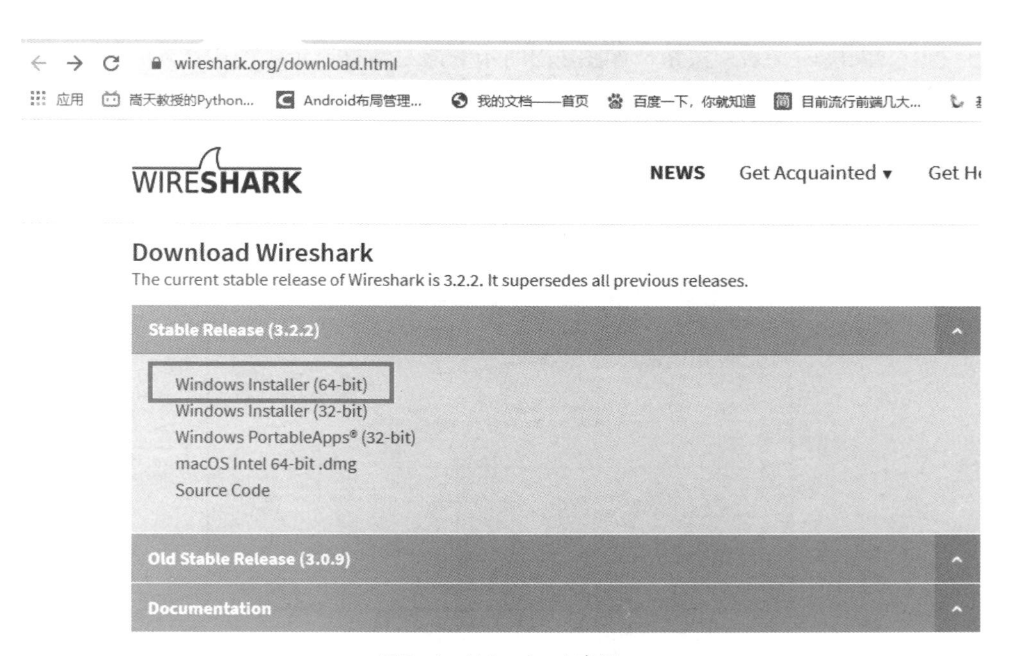

图2-1　Wireshark官网

第二步：双击下载的软件包，打开安装对话框，如图2-2所示。该对话框显示了Wireshark的基本信息。

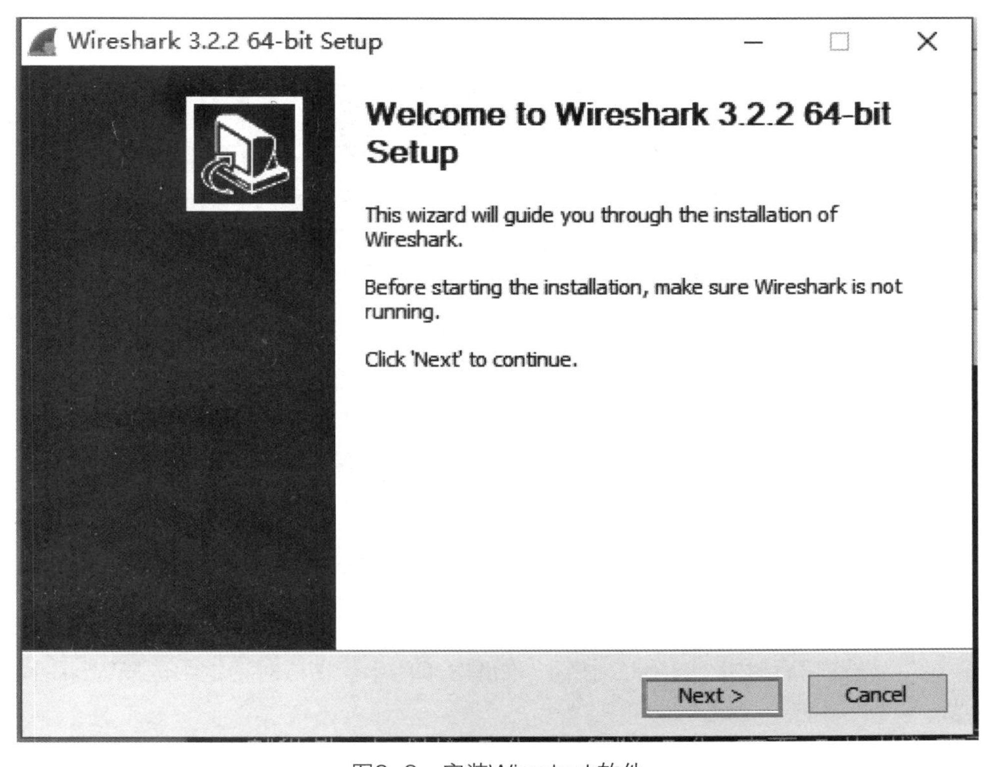

图2-2　安装Wireshark软件

第三步：单击“Next”按钮，如图2-3所示。该对话框显示了使用Wireshark的许可证条款信息。

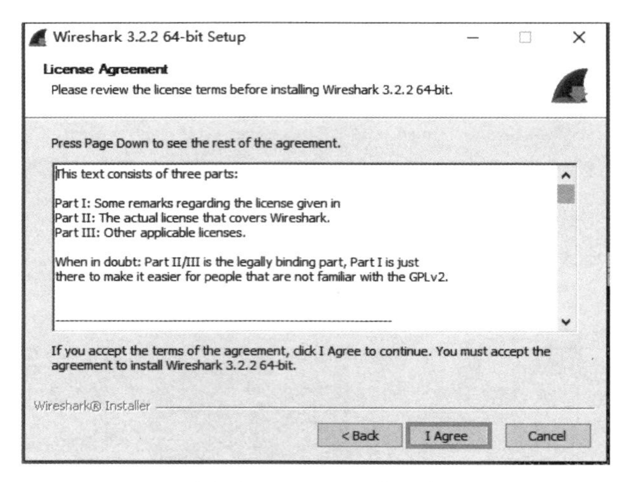

图2-3　Wireshark许可证

第四步：单击“I Agree”按钮，如图2-4所示。在该对话框中选择希望安装的Wireshark组件，这里使用默认的设置。

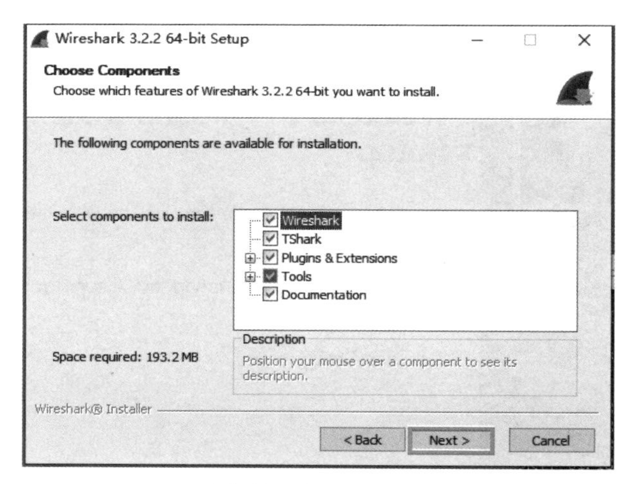

图2-4　选择希望安装的Wireshark组件

第五步：单击“Next”按钮，如图2-5所示。该对话框用来设置创建快捷方式的位置和关联文件扩展名。

第六步：设置完后单击“Next”按钮，如图2-6所示。在该对话框中选择Wireshark的安装位置。

第七步：单击“Next”按钮，如图2-7所示。该对话框提示是否要安装Npcap。

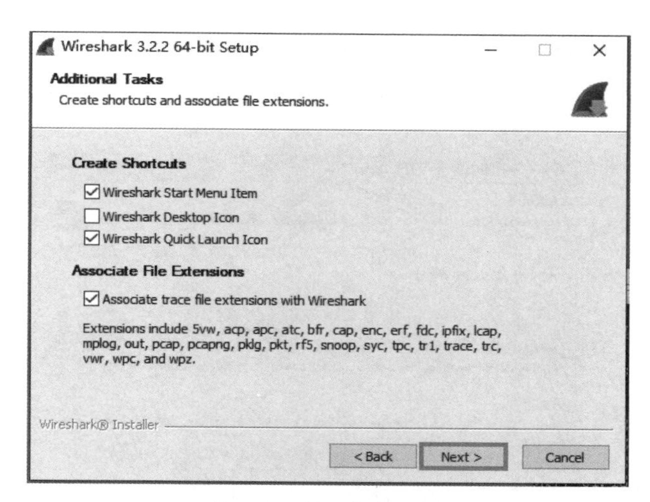

图2-5　设置相关属性

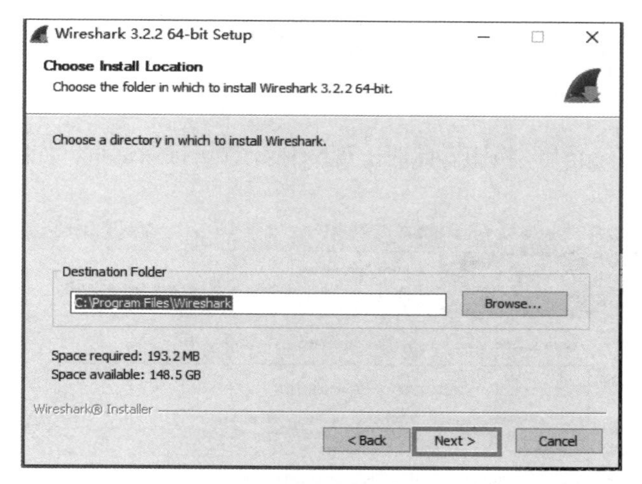

图2-6　选择安装位置

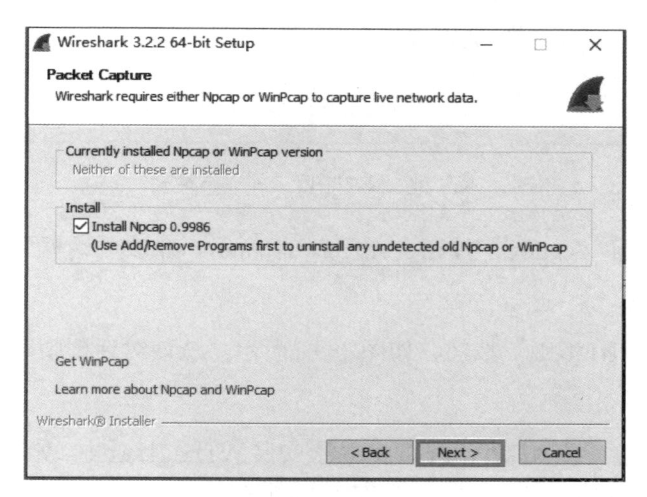

图2-7　选择是否安装Npcap

如果要使用Wireshark捕获数据，就必须安装Npcap。所以这里勾选“Install Npcap 0.9986”复选框并单击“Next”按钮，如图2-8所示。

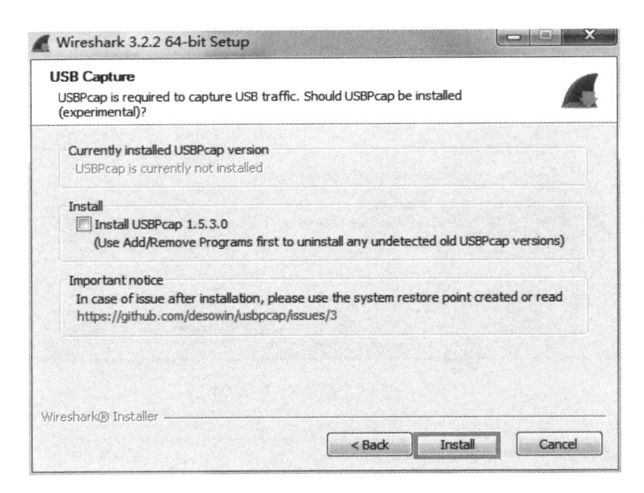

图2-8　Npcap的下一步对话框

第八步：单击“Install”按钮。此时出现Npcap许可证对话框，如图2-9所示。

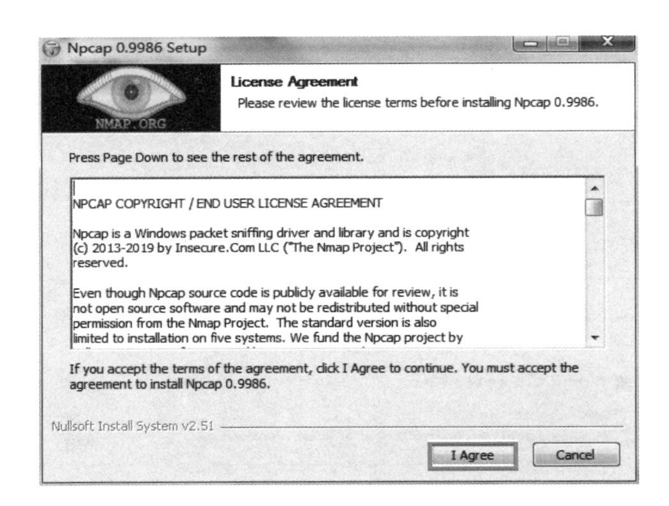

图2-9　Npcap许可证对话框

第九步：单击“I Agree”按钮，如图2-10所示。在该对话框显示了安装Npcap的选项。

第十步：单击“Install”按钮，如图2-11所示。从该对话框中可以看到Npcap已安装完成。

第十一步：单击“Finish”按钮将继续安装Wireshark，如图2-12所示。单击“Next”按钮，Wireshark安装完成，如图2-13所示。

从该对话框中可以看到Wireshark已经安装完成，然后单击“Finish”按钮，Wireshark即可启动。

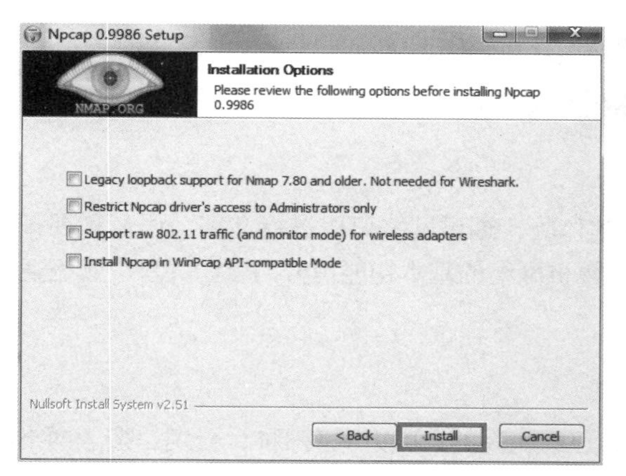

图2-10　安装Npcap的选项

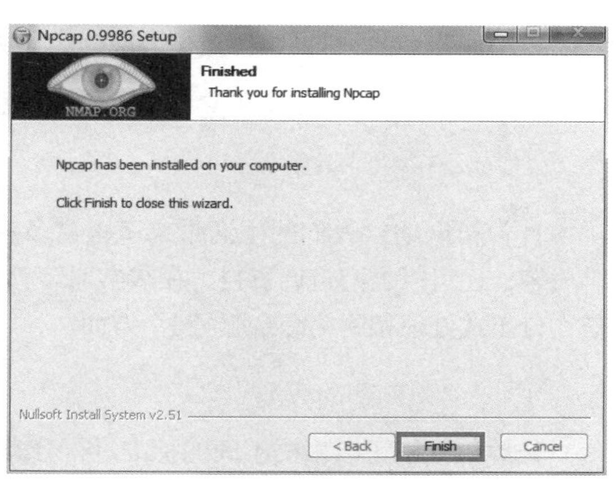

图2-11　Npcap安装完成

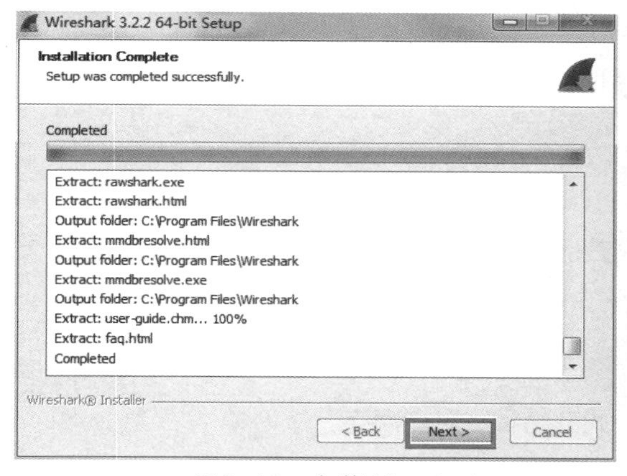

图2-12　安装Wireshark

图2-13　Wireshark安装完成

1．计算机网络的概念及发展历史

（1）计算机网络的概念

计算机网络是将分布在不同地点、具有独立自主能力的多个计算机系统通过通信线路进行连接，共同遵循某个网络协议，从而实现信息互通和资源共享的系统。

（2）计算机发展历史

由于计算技术、通信技术、光电技术等迅速发展，形成了计算机网络。计算机网络经过40多年的发展，已经成为现代社会不可或缺的重要技术。计算机网络的发展经历了4代，分别是：

1）第一代计算机网络（面向终端的计算机通信网）。

2）第二代计算机网络（自主功能的主机互联的计算机网络）。

3）第三代计算机网络（遵循国际标准化协议的计算机网络）。

4）第四代计算机网络（互联、高速和智能化的网络）。

2. 计算机网络的功能

计算机网络给人们的生活带来了丰富多彩的体验，通过网络可以进行文字、语音和视频聊天等，还可以上网查询资料、在线学习等。计算机网络的基本功能可分为资源共享、数据通信、分布式处理和网络综合服务4个方面。

3. 计算机网络的分类

计算机网络可以根据不同的标准进行分类，已经出现的分类方式有4种，分别是按照网络的覆盖范围分类、按照网络的拓扑结构分类、按照传输技术分类和按照交换方式分类。

（1）按照网络的覆盖范围分类

按照网络的覆盖范围可以分为局域网、城域网、广域网和互联网4种类型，是目前网络分类中最为常用的一种分类方式。

（2）按照网络的拓扑结构分类

计算机网络的拓扑结构就是用网络的站点与连接线的几何关系来表示网络的结构，主要分为总线型、星形、树形、环形和网状形。

（3）按照传输技术分类

计算机网络根据传输任务不同可以分为广播式网络和点对点网络。

（4）按照交换方式分类

计算机网络按照交换方式分类可以分为分组交换网、报文交换网、电路交换网和混合交换网。

任务2 分析基础的网络数据

在计算机网络中，网络层又称为IP层，主要为IP数据报转发选择合适的路由，需要结合IP和其他ICMP、IGMP、ARP等配套协议完成。虽然IP起主导作用，但是也需要其他协议的支持才能完成整个通信流程。而在我们的工作生活中同样如此，团队中的每个人都要做好自己的本职工作，才能更快、更好地完成每项任务。

任务描述

安装Wireshark后，需要使用Wireshark进行数据的抓取和分析。本任务是使用Wireshark实现对www. baidu. com网站数据的抓取。使用Wireshark实现网络数据分析的思路如下：

1）打开Wireshark软件。

2）配置捕获接口。

扫码看视频

3）打开CMD，执行“ping www. baidu. com”命令。

4）抓取网站的数据。

5）分析网站的数据有哪几个网络协议。

任务步骤

第一步：打开Wireshark 3. 2. 2，主界面如图2-14所示。

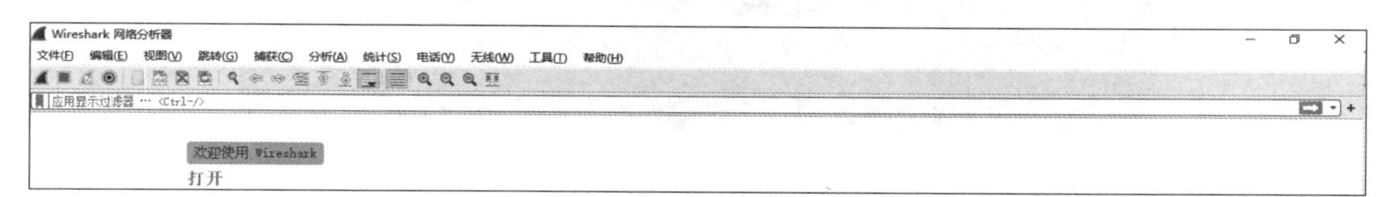

图2-14　主界面

第二步：选择菜单栏中的“捕获”→“输入”命令，勾选“WLAN”网卡，单击“开始”按钮启动抓包，如图2-15所示。

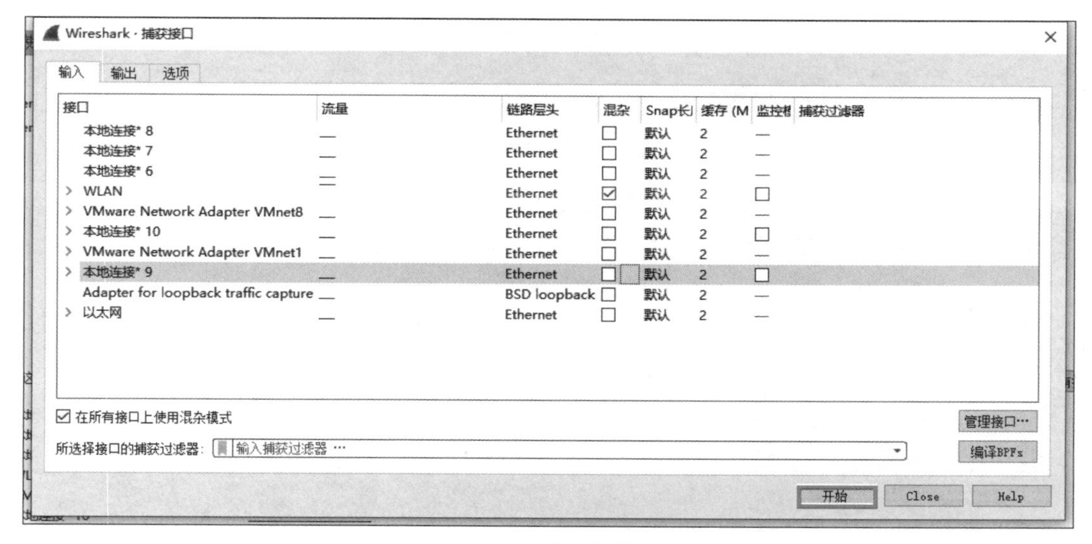

图2-15　启动抓包效果图

第三步：Wireshark启动后，处于抓包状态中，如图2-16所示。

第四步：执行抓包操作，如“ping www.baidu.com”命令，如图2-17所示。

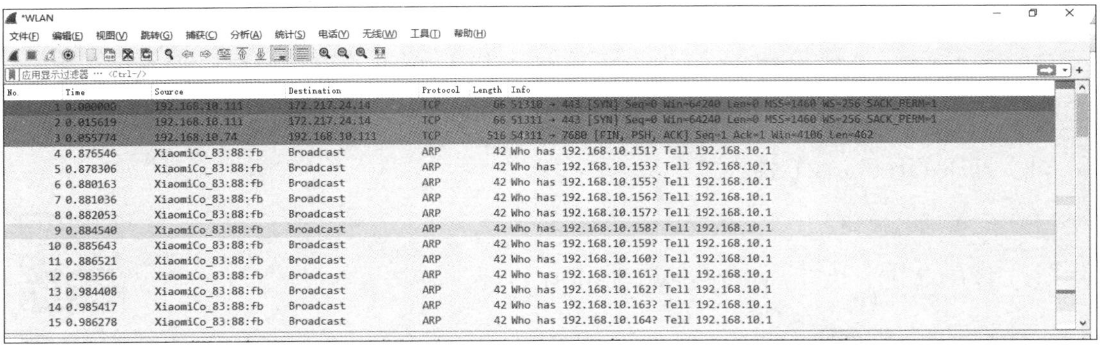

```
*WLAN
文件(F) 编辑(E) 视图(V) 跳转(G) 捕获(C) 分析(A) 统计(S) 电话(Y) 无线(W) 工具(T) 帮助(H)
应用显示过滤器 … <Ctrl-/>
No. Time      Source             Destination      Protocol Length Info
 1 0.000000  192.168.10.111     172.217.24.14    TCP   66 51310 → 443 [SYN] Seq=0 Win=64240 Len=0 MSS=1460 WS=256 SACK_PERM=1
 2 0.015619  192.168.10.111     172.217.24.14    TCP   66 51311 → 443 [SYN] Seq=0 Win=64240 Len=0 MSS=1460 WS=256 SACK_PERM=1
 3 0.055774  192.168.10.74      192.168.10.111   TCP  516 54311 → 7680 [FIN, PSH, ACK] Seq=1 Ack=1 Win=4106 Len=462
 4 0.876546  XiaomiCo_83:88:fb  Broadcast        ARP   42 Who has 192.168.10.151? Tell 192.168.10.1
 5 0.878306  XiaomiCo_83:88:fb  Broadcast        ARP   42 Who has 192.168.10.153? Tell 192.168.10.1
 6 0.880163  XiaomiCo_83:88:fb  Broadcast        ARP   42 Who has 192.168.10.155? Tell 192.168.10.1
 7 0.881036  XiaomiCo_83:88:fb  Broadcast        ARP   42 Who has 192.168.10.156? Tell 192.168.10.1
 8 0.882053  XiaomiCo_83:88:fb  Broadcast        ARP   42 Who has 192.168.10.157? Tell 192.168.10.1
 9 0.884540  XiaomiCo_83:88:fb  Broadcast        ARP   42 Who has 192.168.10.158? Tell 192.168.10.1
10 0.885643  XiaomiCo_83:88:fb  Broadcast        ARP   42 Who has 192.168.10.159? Tell 192.168.10.1
11 0.886521  XiaomiCo_83:88:fb  Broadcast        ARP   42 Who has 192.168.10.160? Tell 192.168.10.1
12 0.983566  XiaomiCo_83:88:fb  Broadcast        ARP   42 Who has 192.168.10.161? Tell 192.168.10.1
13 0.984408  XiaomiCo_83:88:fb  Broadcast        ARP   42 Who has 192.168.10.162? Tell 192.168.10.1
14 0.985417  XiaomiCo_83:88:fb  Broadcast        ARP   42 Who has 192.168.10.163? Tell 192.168.10.1
15 0.986278  XiaomiCo_83:88:fb  Broadcast        ARP   42 Who has 192.168.10.164? Tell 192.168.10.1
```

图2-16　抓包中

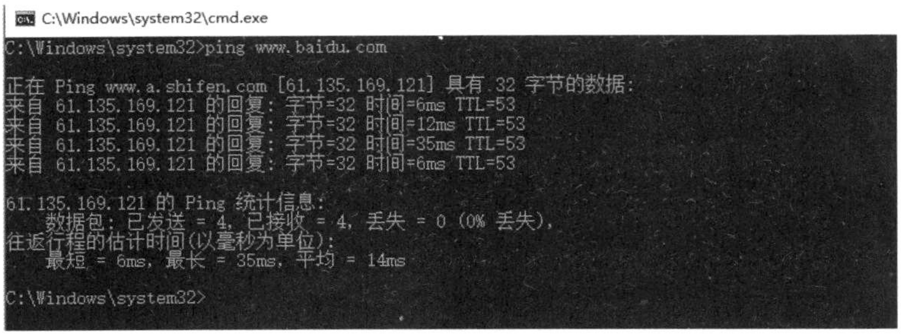

```
C:\Windows\system32\cmd.exe
C:\Windows\system32>ping www.baidu.com

正在 Ping www.a.shifen.com [61.135.169.121] 具有 32 字节的数据:
来自 61.135.169.121 的回复: 字节=32 时间=6ms TTL=53
来自 61.135.169.121 的回复: 字节=32 时间=12ms TTL=53
来自 61.135.169.121 的回复: 字节=32 时间=35ms TTL=53
来自 61.135.169.121 的回复: 字节=32 时间=6ms TTL=53

61.135.169.121 的 Ping 统计信息:
    数据包: 已发送 = 4，已接收 = 4，丢失 = 0 (0% 丢失)，
往返行程的估计时间(以毫秒为单位):
    最短 = 6ms，最长 = 35ms，平均 = 14ms

C:\Windows\system32>
```

图2-17　执行抓包操作

第五步：操作完成后相关数据报就抓取到了，如图2-18所示。

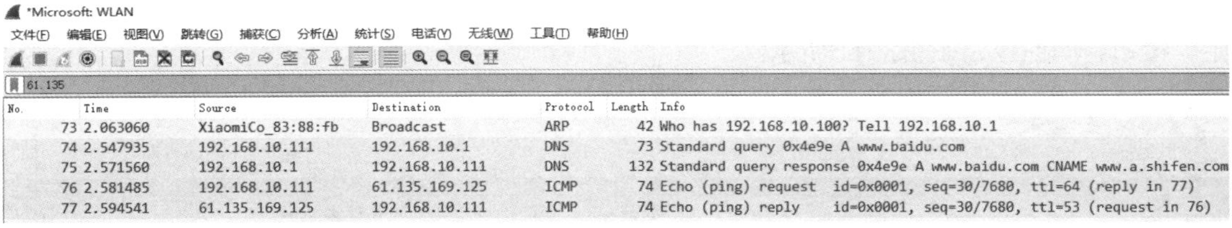

```
*Microsoft: WLAN
文件(F) 编辑(E) 视图(V) 跳转(G) 捕获(C) 分析(A) 统计(S) 电话(Y) 无线(W) 工具(T) 帮助(H)
61.135
No. Time      Source             Destination      Protocol Length Info
73 2.063060  XiaomiCo_83:88:fb  Broadcast        ARP    42 Who has 192.168.10.100? Tell 192.168.10.1
74 2.547935  192.168.10.111     192.168.10.1     DNS    73 Standard query 0x4e9e A www.baidu.com
75 2.571560  192.168.10.1       192.168.10.111   DNS   132 Standard query response 0x4e9e A www.baidu.com CNAME www.a.shifen.com
76 2.581485  192.168.10.111     61.135.169.125   ICMP   74 Echo (ping) request  id=0x0001, seq=30/7680, ttl=64 (reply in 77)
77 2.594541  61.135.169.125     192.168.10.111   ICMP   74 Echo (ping) reply    id=0x0001, seq=30/7680, ttl=53 (request in 76)
```

图2-18　完成抓包

第六步：可以在过滤栏的文本框中输入过滤条件：ip.addr==61.135.169.121，表示只显示ICMP且源主机IP或者目的主机IP为192.168.10.111的数据报，如图2-19所示。

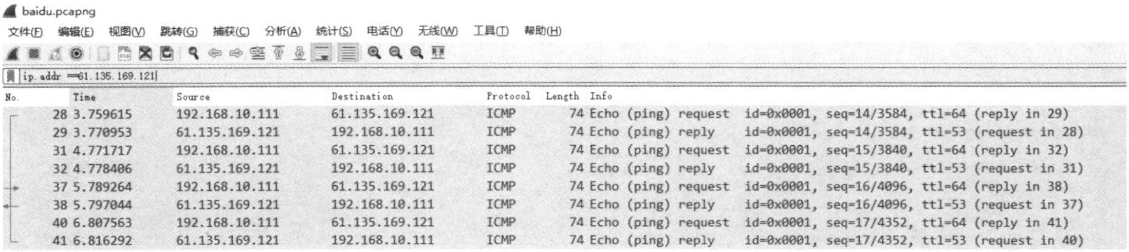

```
baidu.pcapng
文件(F) 编辑(E) 视图(V) 跳转(G) 捕获(C) 分析(A) 统计(S) 电话(Y) 无线(W) 工具(T) 帮助(H)
ip.addr ==61.135.169.121
No. Time      Source           Destination      Protocol Length Info
28 3.759615  192.168.10.111   61.135.169.121   ICMP  74 Echo (ping) request  id=0x0001, seq=14/3584, ttl=64 (reply in 29)
29 3.770953  61.135.169.121   192.168.10.111   ICMP  74 Echo (ping) reply    id=0x0001, seq=14/3584, ttl=53 (request in 28)
31 4.771717  192.168.10.111   61.135.169.121   ICMP  74 Echo (ping) request  id=0x0001, seq=15/3840, ttl=64 (reply in 32)
32 4.778406  61.135.169.121   192.168.10.111   ICMP  74 Echo (ping) reply    id=0x0001, seq=15/3840, ttl=53 (request in 31)
37 5.789264  192.168.10.111   61.135.169.121   ICMP  74 Echo (ping) request  id=0x0001, seq=16/4096, ttl=64 (reply in 38)
38 5.797044  61.135.169.121   192.168.10.111   ICMP  74 Echo (ping) reply    id=0x0001, seq=16/4096, ttl=53 (request in 37)
40 6.807563  192.168.10.111   61.135.169.121   ICMP  74 Echo (ping) request  id=0x0001, seq=17/4352, ttl=64 (reply in 41)
41 6.816292  61.135.169.121   192.168.10.111   ICMP  74 Echo (ping) reply    id=0x0001, seq=17/4352, ttl=53 (request in 40)
```

图2-19　过滤抓包结果

第七步：通过相关的数据报，可以看到TCP的3次握手数据，如图2-20所示。

baidu.pcapng

文件(F) 编辑(E) 视图(V) 跳转(G) 捕获(C) 分析(A) 统计(S) 电话(Y) 无线(W) 工具(T) 帮助(H)

应用显示过滤器 … <Ctrl-/>

No.	Time	Source	Destination	Protocol	Length	Info
14	1.280443	192.168.10.111	110.43.193.73	TCP	66	51127 → 9833 [ACK] Seq=1 Ack=52 Win=508 Len=0 SLE=1 SRE=52
15	2.234975	111.161.107.187	192.168.10.111	OICQ	121	OICQ Protocol
16	2.340470	192.168.10.74	192.168.10.111	TCP	66	55555 → 7680 [SYN] Seq=0 Win=64240 Len=0 MSS=1460 WS=256 SACK_PERM=1
17	2.473338	XiaomiCo_83:88:fb	Broadcast	ARP	42	Who has 192.168.10.87? Tell 192.168.10.1
18	2.680416	192.168.10.111	172.217.27.142	TCP	66	51352 → 443 [SYN] Seq=0 Win=64240 Len=0 MSS=1460 WS=256 SACK_PERM=1
19	2.685087	192.168.10.101	224.0.0.251	MDNS	130	Standard query 0x0000 PTR _companion-link._tcp.local, "QM" question PTR _homekit._tc…
20	2.687199	fe80::1c12:1796:89d…	ff02::fb	MDNS	150	Standard query 0x0000 PTR _companion-link._tcp.local, "QM" question PTR _homekit._tc…
21	2.818453	192.168.10.111	172.217.27.142	TCP	66	51353 → 443 [SYN] Seq=0 Win=64240 Len=0 MSS=1460 WS=256 SACK_PERM=1
22	2.865342	192.168.10.111	172.217.27.142	TCP	66	51354 → 443 [SYN] Seq=0 Win=64240 Len=0 MSS=1460 WS=256 SACK_PERM=1
23	2.880998	192.168.10.111	172.217.27.142	TCP	66	51355 → 443 [SYN] Seq=0 Win=64240 Len=0 MSS=1460 WS=256 SACK_PERM=1
24	2.881066	192.168.10.111	172.217.27.142	TCP	66	51356 → 443 [SYN] Seq=0 Win=64240 Len=0 MSS=1460 WS=256 SACK_PERM=1
25	2.896572	192.168.10.111	172.217.27.142	TCP	66	51357 → 443 [SYN] Seq=0 Win=64240 Len=0 MSS=1460 WS=256 SACK_PERM=1
26	3.279852	110.43.193.73	192.168.10.111	TLSv1.2	105	Application Data
27	3.335451	192.168.10.111	110.43.193.73	TCP	54	51127 → 9833 [ACK] Seq=1 Ack=103 Win=508 Len=0
28	3.759615	192.168.10.111	61.135.169.121	ICMP	74	Echo (ping) request id=0x0001, seq=14/3584, ttl=64 (reply in 29)

图2-20　抓包数据分析

1．网络协议概念

在计算机网络中，为了使交换数据和控制信息能够有条不紊地进行，每个节点之间都要遵守一些事先约定好的规则，这些为网络数据交换而制定的规则、约定与标准被称为网络协议（Protocol）。网络协议主要由语法、语义和时序3个元素组成。

2．OSI参考模型

OSI参考模型共分为7层，从下到上依次为：物理层、数据链路层、网络层、传输层、会话层、表示层和应用层，如图2-21所示。图中虚线连接表示同层之间的协议，实线表示数据流。在发送端数据由应用层逐层传递到物理层，而在接收端数据由物理层传递到应用层。

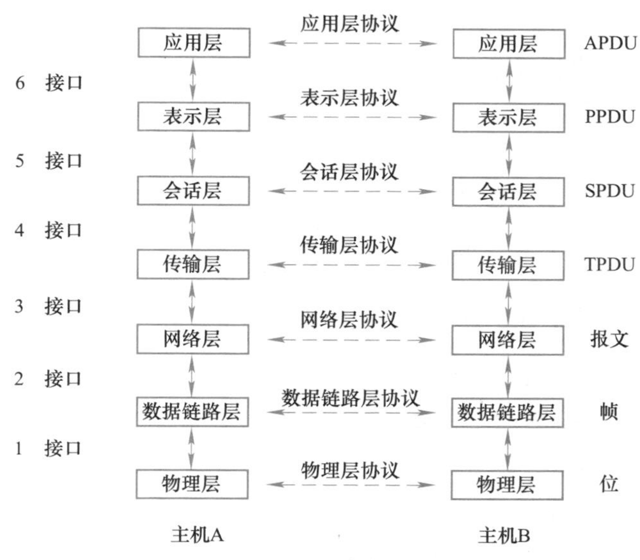

图2-21　OSI参考模型

OSI参考模型的各层含义描述：

（1）物理层（Physical Layer）

物理层是OSI参考模型的第一层或最低层，这一层包括参与数据传输的物理设备，如电缆和交换机。同时还负责将数据转换为位流，也就是由1和0构成的字符串。在这一层，数据还没有被组织，仅作为初始的位流或电气电压处理，单位是bit（位）。

（2）数据链路层（Data Link Layer）

数据链路层位于网络层和物理层之间，负责相邻节点间的数据传输，要解决将bit组合成帧（Frame）和差错控制等问题。帧是数据链路层的数据单元，即在数据链路层按帧进行传输。数据链路层中常用的设备有网卡、网桥和交换机。

（3）网络层（Network Layer）

网络层负责促进两个不同网络之间的数据传输。如果两台通信设备位于同一网络，则不需要使用网络层。网络层在发送设备上将传输层发出的数据段分解为更小的单元（称为数据报），再在接收设备上重组这些数据报。网络层还要确定数据到达目标的最佳物理路径，完成这一工作的设备被称为路由。

网络层控制着通信子网，所谓通信子网就是实现路由和数据传输所必需的传输介质和交换组件的集合。典型的网络层协议有网络互联协议（Internet Protocol, IP）。

（4）传输层（Transport Layer）

传输层是OSI参考模型中最重要的一层，提供可靠有效的端到端的网络连接，如图2-22所示。它是两台计算机经过网络进行数据通信时，第一个端到端的层次，起到缓冲作用。当网络层的服务质量不能满足要求时，它将提高服务以满足高层的要求；而当网络层服务质量较好时，它只需进行很少的工作。另外，它还要处理端到端的差错控制和流量控制等问题，最终为会话提供可靠的、无误的数据传输，如图2-22所示。

图2-22　传输层端到端的连接

（5）会话层（Session Layer）

会话层负责在网络中的两个节点之间建立和维持通信，并保持会话同步，它还决定通信是否被中断以及通信中断时决定从何处重新发送。在通信过程中汇总数据流方向的控制模式有3种，即单工、半双工和全双工。

（6）表示层（Presentation Layer）

表示层的作用是管理数据的解密与加密，如常见的系统密码处理。当账户数据在发送前被加密时，在网络的另一端，表示层将对接收到的数据解密。另外，表示层还需对图片和文件格式信息进行解码和编码。

（7）应用层（Application Layer）

应用层为操作系统或网络应用程序提供访问网络服务的接口，包括文件传输、文件管理以及电子邮件等的信息处理。

应用层协议的代表包括Telnet、FTP、HTTP、SNMP等。

3. TCP/IP

TCP/IP是一个协议系列，或称为协议簇，包含IP、ICM、TCP、HTTP、FTP、POP3等。为了实现的简单性，TCP/IP将OSI部分层次的功能合并，合并后共有4层：网络接口层、网络层、传输层和应用层。TCP/IP与OSI参考模型的对应关系如图2-23所示。

OSI参考模型	TCP/IP参考模型
7 应用层	应用层（Telnet、FTP、SMTP等）
6 表示层	
5 会话层	
4 传输层	传输层（TCP或UDP）
3 网络层	网络层（IP）
2 数据链路层	网络接口层
1 物理层	

图2-23 TCP/IP与OSI参考模型的对应关系

TCP/IP各层含义描述如下：

（1）应用层

应用层决定了向用户提供应用服务时通信的任务。TCP/IP内预存了各类通用的应用服务，FTP（File Transfer Protocol，文件传输协议）和DNS（Domain Name System，域名系统）服务就是其中两类。HTTP也处于该层。

（2）传输层

传输层对上层应用层，提供处于网络连接中的两台计算机之间的数据传输。在传输层有两个性质不同的协议：TCP（Transmission Control Protocol，传输控制协议）和UDP（User Data Protocol，用户数据报协议）。

（3）网络层

网络层用来处理在网络上流动的数据报。数据报是网络传输的最小数据单位。该层规定了通过怎样的路径（所谓的传输路线）到达对方计算机，并把数据报传送给对方。与对方计算机之间通过多台计算机或网络设备进行传输时，网络层所起的作用就是在众多选项内选择一条传输路线。

（4）网络接口层（又名数据链路层、链路层）

用来处理连接网络的硬件部分。包括控制操作系统、硬件的设备驱动、NIC（Network Interface Card，网络适配器，即网卡）以及光纤等物理可见部分（还包括连接器等一切传输媒介）。硬件上的范畴均在链路层的作用范围之内。

TCP/IP中主要的协议见表2-1。

表2-1　TCP/IP中主要的协议

层次	协议	中文名称	作用
应用层	HTTP	超文本传输协议	实现HTML超文本传输
	FTP	文件传输协议	用于实现两台主机之间的文件传输
	Telnet	远程登录协议	远程登录并控制主机
	DNS	域名服务	提供从域名到IP地址的转换
	DHCP	动态主机分配协议	管理并动态分配IP地址
	SMTP	简单邮件传输协议	用于发送和传输邮件
	POP/POP3	邮局协议	用于接收邮件
传输层	TCP	传输控制协议	可靠的、面向连接的端到端的传输
	UDP	用户数据报协议	不可靠的、无连接的端到端的传输
网络层	IP	互联网协议	点到点的数据传输
	ICMP	互联网控制报文协议	用于传输差错及控制报文
	ARP	地址解析协议	将IP地址转换到物理地址
	RARP	逆向地址解析协议	将物理地址转换到IP地址
网络接口层	Ethernet	以太网协议	实现CSMA/CD和MAC寻址
	Token Ring	令牌环网协议	实现令牌环介质访问
	FDDI	光纤分布式接口协议	实现光纤分布式网
	PPP	点到点链路协议	点到点链路的数据传输
	SLIP	串行线路网际协议	Windows远程访问的一种旧工业标准

任务3　分析ARP和IP

ARP是计算机网络中的地址解析协议，可以采用“一问一答”的形式通过已知的IP地址

获取未知的MAC地址。相比于整个计算机网络的复杂，ARP的解析是简单明了的。当我们面对复杂问题时，要善于将其划分为多个小问题。在学习时同样如此，面对复杂情况，我们可以拆解问题，逐一处理，最终将其解决。

本任务是通过对ARP和IP相关知识的学习，实现用Wireshark分析ARP和IP。使用Wireshark分析ARP和IP的思路如下：

1）准备两台物理机，两台物理机之间能够互相通信。

2）使用Wireshark抓取两台物理机通信过程中产生的ARP数据。

3）对www. baidu. com数据报进行IP过滤。

4）对抓取的IP数据报进行分析。

扫码看视频

任务步骤

任务准备：

PC1：物理机Windows 10操作系统（IP地址：192. 168. 10. 111）。

PC2：物理机Windows 7操作系统（IP地址：192. 168. 31. 134）。

说明：此处PC2可以用虚拟机。

第一步：打开Wireshark 3. 2. 2，根据实验环境设置捕获选项，如图2-24所示。

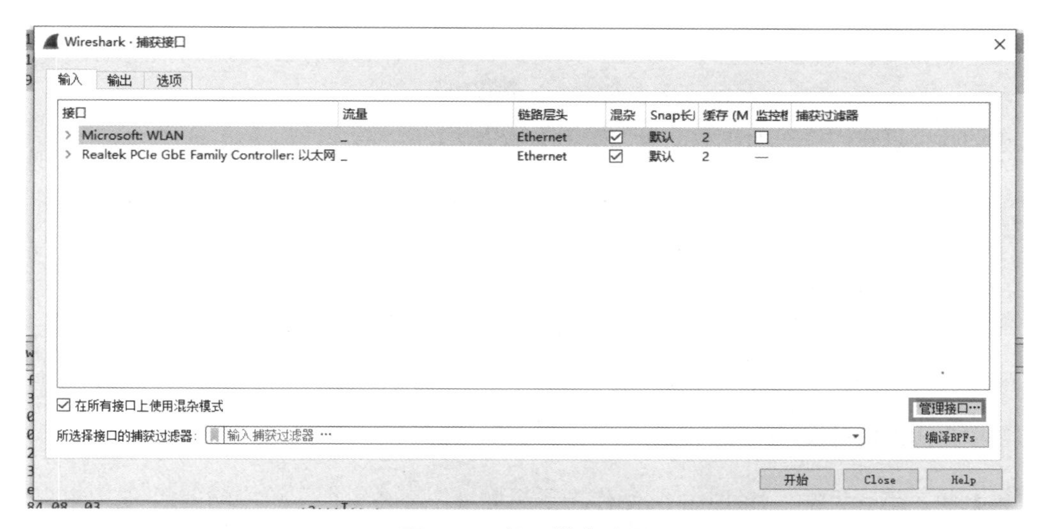

图2-24 设置捕获选项

第二步：单击“开始 ”按钮，此时没有捕获到任何包，如图2-25所示。这是因为使用捕获过滤器仅能捕获ARP数据报。

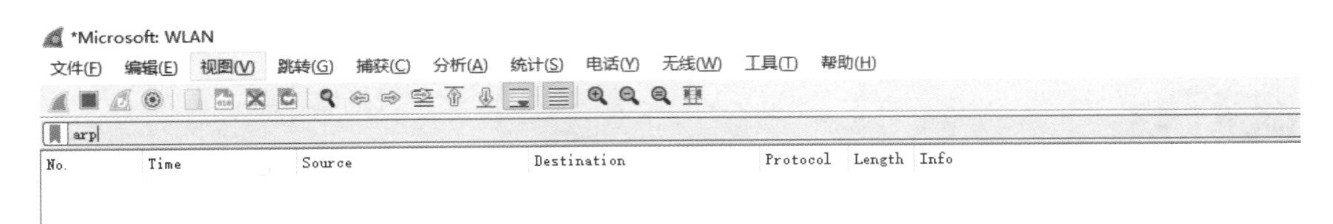

图2-25　开始抓包

第三步：在PC2上执行以下命令并输出信息，如图2-26所示。

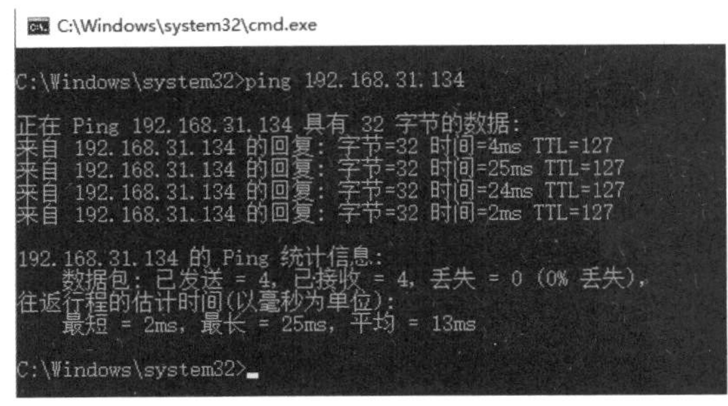

图2-26　测试通信

在Wireshark中查看抓包记录，如图2-27所示。

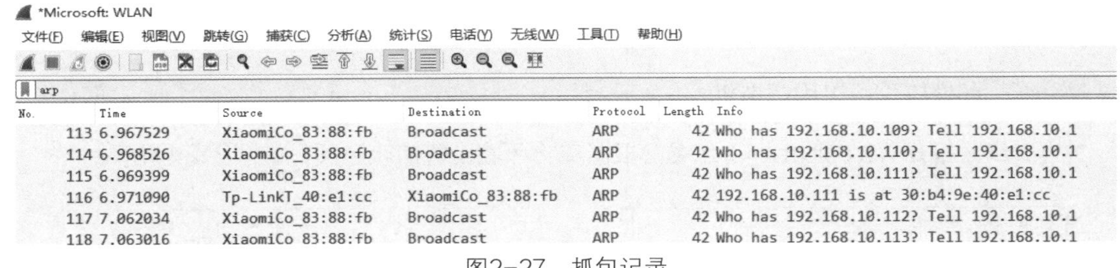

图2-27　抓包记录

第四步：查看捕获的ARP数据报，如图2-28所示。

```
> Frame 8: 42 bytes on wire (336 bits), 42 bytes captured (336 bits) on interface \Device\NPF_{EF618490-8615-4F2D-9A0F-0C34E8183F27}, id 0
> Ethernet II, Src: XiaomiCo_83:88:fb (f0:b4:29:83:88:fb), Dst: Broadcast (ff:ff:ff:ff:ff:ff)
> Address Resolution Protocol (request)
```

图2-28　查看捕获的ARP数据报

第一行为ARP请求包，包含第一帧数据报的详细信息，大小为42字节。

第二行为以太网帧的头部信息，包括源MAC地址和目标地址，这里的目标地址为广播地址。

第三行表示地址解析协议的内容，如图2-29所示。

第五步：选择www. baidu. com作为目标地址。在命令提示符中输入代码，如图2-30所示。

```
Address Resolution Protocol (request)   #ARP请求包
    Hardware type: Ethernet (1)   #硬件类型
    Protocol type: IPv4 (0x0800)  #协议类型
    Hardware size: 6              #硬件地址
    Protocol size: 4              #协议长度
    Opcode: request (1)           #操作码，该值为1，表示是ARP请求包
    Sender MAC address: XiaomiCo_83:88:fb (f0:b4:29:83:88:fb) 发送端MAC地址
    Sender IP address: 192.168.10.1                           发送端IP地址
    Target MAC address: 00:00:00_00:00:00 (00:00:00:00:00:00) 接收端MAC地址
    Target IP address: 192.168.10.3                           接收端IP地址
```

图2-29　地址解析内容

```
C:\Windows\system32\cmd.exe
C:\Windows\system32>ping www.baidu.com

正在 Ping www.a.shifen.com [61.135.169.121] 具有 32 字节的数据:
来自 61.135.169.121 的回复: 字节=32 时间=6ms TTL=53
来自 61.135.169.121 的回复: 字节=32 时间=12ms TTL=53
来自 61.135.169.121 的回复: 字节=32 时间=35ms TTL=53
来自 61.135.169.121 的回复: 字节=32 时间=6ms TTL=53

61.135.169.121 的 Ping 统计信息:
    数据包: 已发送 = 4，已接收 = 4，丢失 = 0 (0% 丢失)，
往返行程的估计时间(以毫秒为单位):
    最短 = 6ms，最长 = 35ms，平均 = 14ms

C:\Windows\system32>
```

图2-30　ping命令

第六步：在过滤栏的文本框中输入过滤条件：ip.addr==61.135.169.121，表示只显示ICMP且源主机IP或者目的主机IP为192.168.10.111的数据报，如图2-31所示。

baidu.pcapng

文件(F)　编辑(E)　视图(V)　跳转(G)　捕获(C)　分析(A)　统计(S)　电话(Y)　无线(W)　工具(T)　帮助(H)

ip.addr ==61.135.169.121

No.	Time	Source	Destination	Protocol	Length	Info
28	3.759615	192.168.10.111	61.135.169.121	ICMP	74	Echo (ping) request id=0x0001, seq=14/3584, ttl=64 (reply in 29)
29	3.770953	61.135.169.121	192.168.10.111	ICMP	74	Echo (ping) reply id=0x0001, seq=14/3584, ttl=53 (request in 28)
31	4.771717	192.168.10.111	61.135.169.121	ICMP	74	Echo (ping) request id=0x0001, seq=15/3840, ttl=64 (reply in 32)
32	4.778406	61.135.169.121	192.168.10.111	ICMP	74	Echo (ping) reply id=0x0001, seq=15/3840, ttl=53 (request in 31)
37	5.789264	192.168.10.111	61.135.169.121	ICMP	74	Echo (ping) request id=0x0001, seq=16/4096, ttl=64 (reply in 38)
38	5.797044	61.135.169.121	192.168.10.111	ICMP	74	Echo (ping) reply id=0x0001, seq=16/4096, ttl=53 (request in 37)
40	6.807563	192.168.10.111	61.135.169.121	ICMP	74	Echo (ping) request id=0x0001, seq=17/4352, ttl=64 (reply in 41)
41	6.816292	61.135.169.121	192.168.10.111	ICMP	74	Echo (ping) reply id=0x0001, seq=17/4352, ttl=53 (request in 40)

图2-31　设置过滤

第七步：分析过滤的IP数据，如图2-32所示。

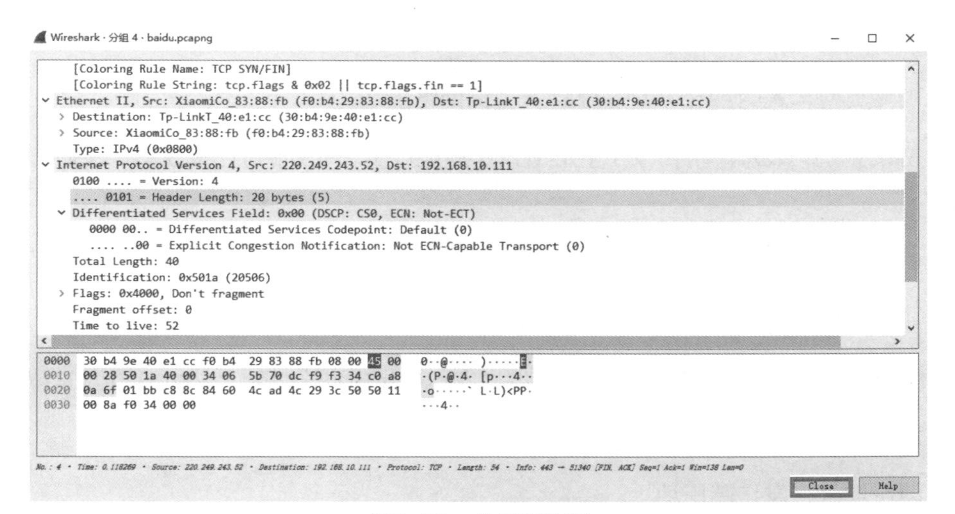

图2-32　分析IP数据

知识储备

1．ARP

（1）什么是ARP

ARP（Address Resolution Protocol，地址解析协议）可以通过IP地址获取对应主机的物理地址，是网络层协议。IP地址在OSI参考模型的第三层（网络层），MAC地址在第二层（数据链路层），彼此不直接通信。在通过以太网发送IP数据报时，为了正确地向目的主机传送报文，必须把目的主机的32位IP地址转换为目的主机的48位以太网地址（MAC地址），这就需要有一个服务或功能将IP地址转换为相应的物理地址（MAC地址），这个服务或功能就是ARP。

（2）ARP报文格式

在对ARP抓包之后，需要了解ARP报文格式以便清楚地分析ARP报文，报文格式见表2-2。

表2-2　ARP报文格式

硬件类型		协议类型
硬件地址长度	协议长度	操作类型（op）
源MAC地址		源IP地址
源IP地址		目标MAC地址
目标IP地址		

说明：

- 硬件类型：表明ARP实现在哪种类型的网络上。
- 协议类型：表示解析协议（上层协议）的地址类。此处的值一般是0×0800，即代表IP地址。
- 硬件地址长度：即MAC地址长度的值，此处的值为6，代表地址长度为6字节。
- 协议地址长度：即IP地址长度，此处的值为4，代表地址长度为4字节。
- 操作类型：表示ARP的报文数据类型。1表示ARP请求数据报，2表示ARP应答数据报。
- 源MAC地址：发送端MAC地址。
- 源IP地址：发送端IP地址。

- 目标MAC地址：接收端MAC地址。
- 目标IP地址：接收端IP地址。

ARP应答数据报与ARP请求数据报的不同体现在目标MAC地址，ARP请求数据报为全1的广播地址，ARP应答数据报为请求得到的真实的MAC地址。

2. IP

（1）什么是IP

IP为互联网协议（Internet Protocol），位于OSI参考模型中的第三层（网络层），其主要功能是在IP模块间传送数据报。网络中每个计算机和网关上都有IP模块。

（2）IP地址

IP地址由32位二进制数组成（4字节），但为了方便用户理解和记忆，通常采用点分十进制标记法，即将4字节的二进制数转换成4个十进制数，每个数小于或等于255，数值中间用“.”隔开，表示成w. x. y. z的形式，如图2-33所示。

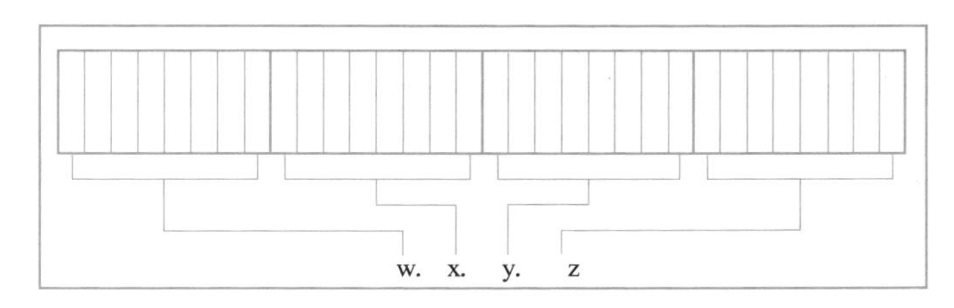

图2-33 IP地址的组成

（3）IP地址的分类

按照IP规定，Internet上的地址共有A、B、C、D、E5类，如图2-34所示。

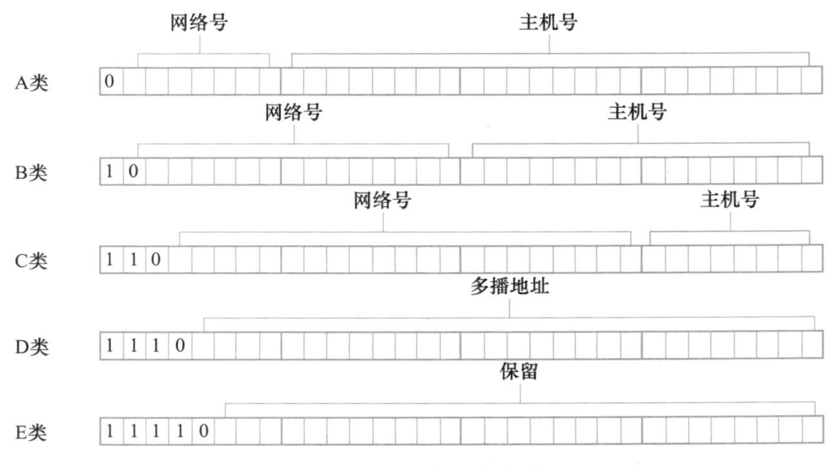

图2-34 IP地址的分类

说明:

1）A类IP地址。A类IP地址的网络号占8位，主机号占24位，A类网络的个数为126，每个网络可容纳的主机数目是16 777 214（2^{24}-2），其首字节数值的范围为1～126（127作为保留地址，不在A类IP地址范围内）。

2）B类IP地址。B类IP地址的网络号占16位，主机号占16位。B类网络个数为16 384（2^{14}），每个网络可容纳的主机数目是65 534（2^{16}-2），其首字节数值的范围为128～191。

3）C类IP地址。C类IP地址的网络号占24位，主机号占8位。C类网络个数为2 097 152（2^{21}），每个网络可容纳的主机数目是254（2^{8}-2），其首字节数值的范围为192～223。

4）D类IP地址。D类IP地址用于组播，其首字节数值的范围为224～239。

5）E类IP地址。E类IP地址用于试验，其首字节数值的范围为240～247。

（4）IP数据报

TCP/IP定义了一个在互联网上传输的包，即IP数据报。IP数据报是一个与硬件无关的虚拟包，由首部和数据两部分组成，首部主要包括版本、长度和IP地址等信息。数据部分一般用来传送其他协议，如TCP、UDP和ICMP等。IP数据报如图2-35所示。

0	4	8	16	19	31
版本	报头长度	服务类型	总长度		
标识			标志	片偏移	
生存周期		协议	头部校验和		
源IP地址					
目的IP地址					
选项+填充					
数据					
……					

图2-35　IP数据报

其中:

1）版本，占4位，指IP的版本，通信双方使用的IP版本必须一致。目前广泛使用的IP版本号为4（即IPv4）。

2）报头长度，占4位，可表示的最大十进制数是15。

3）服务类型，占8位，用来获得更好的服务。

4）总长度，指首部和数据的长度之和，单位为字节。总长度字段为16位，因此数据报的最大长度为2^{16}-1=65 535字节。

5）标识（Identification），占16位。IP软件在存储器中维持一个计数器，每产生一个数据报，计数器就加1，并将此值赋给标识字段。

6）标志（Flag），占3位，但目前只有两位有意义。

7）片偏移，占13位。片偏移以8个字节为偏移单位。这就是说，每个分片的长度一定是8字节（64位）的整数倍。

8）生存周期，占8位，常用的英文缩写是TTL（Time To Live），表明数据报在网络中的寿命。数据报经过一个路由器，就把TTL的值减1。当TTL的值减为0时，就丢弃这个数据报。

9）协议，占8位，协议字段指出此数据报携带的数据所使用的协议类型，以便使目的主机的IP层知道应将数据部分上交给哪个协议进行处理。

10）头部检验和，占16位。这个字段只检验数据报的首部，不检验数据部分。

11）源IP地址，占32位。

12）目的IP地址，占32位。

任务4 分析TCP

素养提升

TCP是一种面向连接的、可靠的、基于字节流的传输层通信协议，为了在网络上提供可靠的端到端字节流而专门设计。因此，我们在学习到网络的专业知识、成为计算机专业人员后，不能因为任何理由而撰写、编辑病毒，传播病毒，不能进行网络攻击、网络诈骗，而对他人和社会带来隐患和损失，不能做任何违反法律和道德的事。

任务描述

本任务是使用Wireshark分析TCP。使用Wireshark分析TCP的思路如下：

1）用Wireshark找到TCP的相关数据。

2）分析TCP数据报。

扫码看视频

任务步骤

第一步：对www. baidu. com抓取的数据报进行TCP分析，可知TCP经过3次握手，如图2-36所示。

第二步：分析TCP的三次握手。

```
21 2.818453   192.168.10.111   172.217.27.142   TCP   66 51353 → 443 [SYN] Seq=0 Win=642
22 2.865342   192.168.10.111   172.217.27.142   TCP   66 51354 → 443 [SYN] Seq=0 Win=642
23 2.880998   192.168.10.111   172.217.27.142   TCP   66 51355 → 443 [SYN] Seq=0 Win=642
24 2.881066   192.168.10.111   172.217.27.142   TCP   66 51356 → 443 [SYN] Seq=0 Win=642
25 2.896572   192.168.10.111   172.217.27.142   TCP   66 51357 → 443 [SYN] Seq=0 Win=642
```

图2-36　分析TCP

1）单击第21行的数据，出现的数据如图2-37所示，客户端发送一个TCP，标志位为SYN，序列号为0，代表客户端请求建立连接，此时TCP第一次握手。

```
Transmission Control Protocol, Src Port: 53037, Dst Port: 443, Seq: 0, Len: 0
  Source Port: 53037
  Destination Port: 443
  [Stream index: 1]
  [TCP Segment Len: 0]
  Sequence number: 0    (relative sequence number)
  Sequence number (raw): 1432157995
  [Next sequence number: 1    (relative sequence number)]
  Acknowledgment number: 0
  Acknowledgment number (raw): 0
  1000 .... = Header Length: 32 bytes (8)
  Flags: 0x002 (SYN)
  Window size value: 64240
```

第一次握手

图2-37　第一次握手

2）第二次握手如图2-38所示。服务器发回确认包，标志位为（PSH，ACK）。将确认序号（Acknowledgement number）设置为客户端的序列号加1，即0+1=1。

```
Transmission Control Protocol, Src Port: 80, Dst Port: 49768, Seq:
  Source Port: 80
  Destination Port: 49768
  [Stream index: 0]
  [TCP Segment Len: 16]
  Sequence number: 0    (relative sequence number)
  Sequence number (raw): 185205658
  [Next sequence number: 17    (relative sequence number)]
  Acknowledgment number: 1    (relative ack number)
  Acknowledgment number (raw): 2288260814
  0101 .... = Header Length: 20 bytes (5)
  Flags: 0x018 (PSH, ACK)
  Window size value: 131
  [Calculated window size: 131]
  [Window size scaling factor: -1 (unknown)]
  Checksum: 0xaee4 [unverified]
  [Checksum Status: Unverified]
```

第二次握手

图2-38　第二次握手

3）第三次握手如图2-39所示。客户端再次发送确认包（ACK），ACK标志位为1，并把服务器的ACK序列号字段加1，放在ACK字段中发回给服务器。再将数据段的序列号值加1。

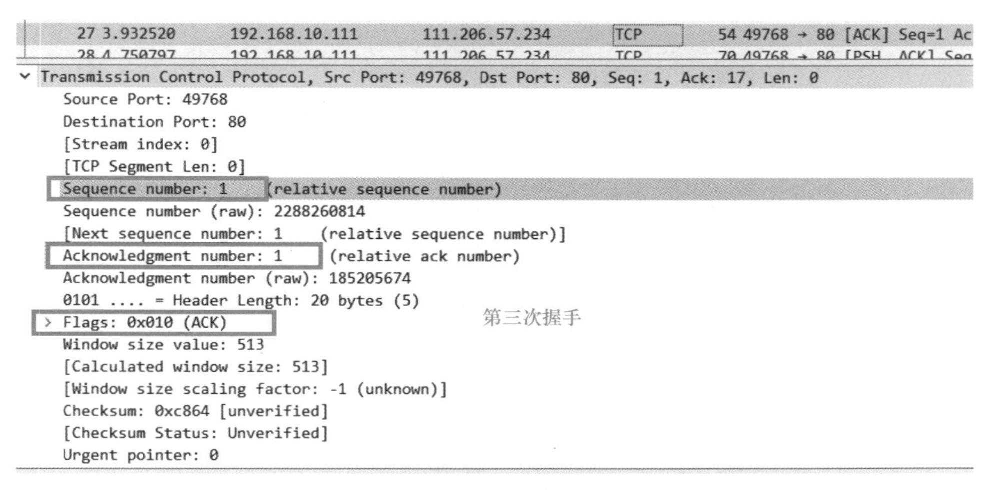

图2-39 第三次握手

1. TCP

(1)TCP简介

TCP(Transmission Control Protocol，传输控制协议)是一种基于IP传输层的、面向连接的、可靠的协议，其主要作用是为应用层提供一个可靠的(保证传输的数据不重复、不丢失)、面向连接的、全双工的数据流传输服务。TCP的工作过程如图2-40所示。使用IP传递信息，每一个TCP信息被封装在一个IP数据报中并通过互联网传送。当数据报到达目的主机时，IP将先前封装的主机A的TCP信息交给主机B的TCP。

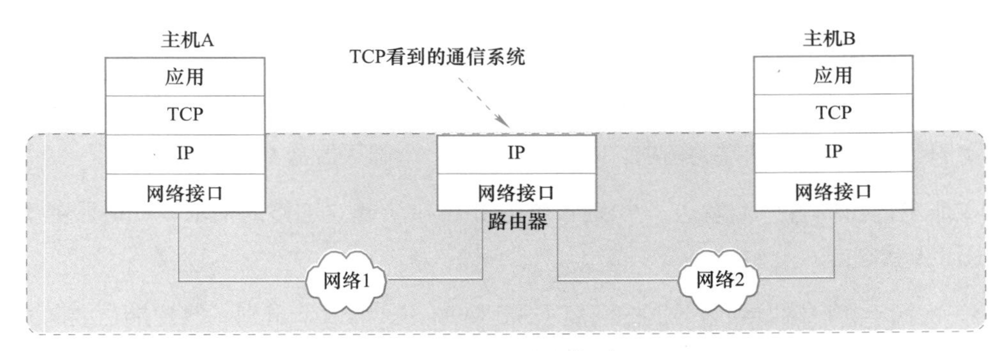

图2-40 TCP的工作过程

(2)TCP建立连接

在TCP/IP中，TCP提供可靠的连接服务，通过使用三次握手建立一个连接。所有基于TCP的通信都需要以两台主机的握手开始。三次握手原理图如图2-41所示。

方向	消息	含义	握手
A→B	SYN	我的序号是X	第一次
A←B	ACK	知道了，你的序号是X	第二次
A←B	SYN	我的序号是Y	
A→B	ACK	知道了，你的序号是Y	第三次

图2-41　三次握手原理图

（3）TCP的三次握手

TCP的三次握手流程如图2-42所示，在图中SEQ表示请求序列号，ACK表示确认序列号。

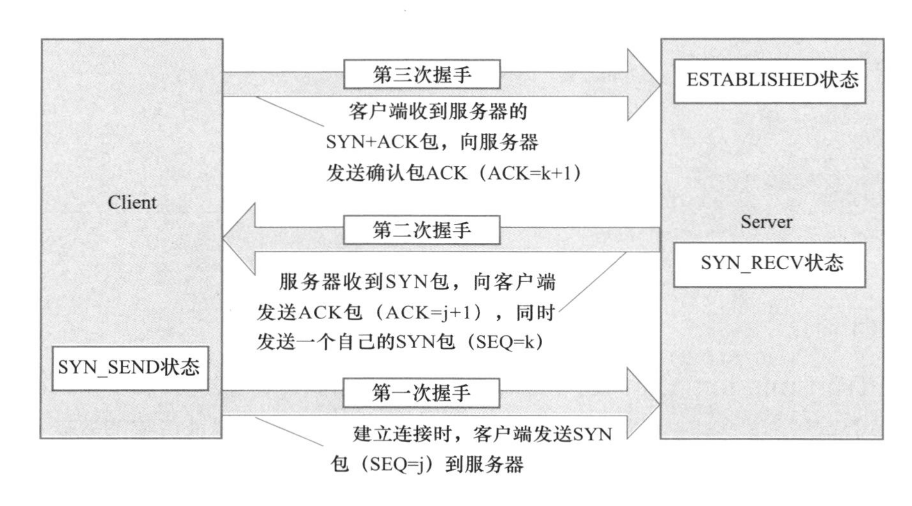

图2-42　三次握手流程

第一次握手建立连接时，客户端向服务器发送SYN报文（SEQ=j，SYN=1），并进入SYN_SEND状态，等待服务器确认。

第二次握手实际上是分两部分来完成的，即SYN+ACK（请求和确认）报文。

1）服务器收到了客户端的请求，向客户端回复一个确认信息（ACK=j+1）。

2）服务器再向客户端发送一个SYN包（SEQ=k）建立连接的请求，此时服务器进入SYN_RECV状态。

第三次握手客户端收到服务器的回复（SYN+ACK）报文。此时，客户端也要向服务器发送确认包（ACK）。此包发送完毕，客户端和服务器进入ESTABLISHED状态，完成三次握手。

（4）TCP数据报

在对捕获的TCP信息进行过滤时，需要了解TCP的数据报首部格式，如图2-43所示。

<table>
<tr><td colspan="3">源端口</td><td>目的端口</td></tr>
<tr><td colspan="4">序号</td></tr>
<tr><td colspan="4">确认序号</td></tr>
<tr><td>头长</td><td>保留</td><td>位标识</td><td>窗口大小</td></tr>
<tr><td colspan="3">校验和</td><td>紧急指针</td></tr>
<tr><td colspan="4">选项</td></tr>
<tr><td colspan="4">数据（可选）</td></tr>
<tr><td colspan="4">……</td></tr>
</table>

图2-43　TCP首部格式

其中：

1）源端口和目的端口：分别与源IP地址和目的IP地址一起标识TCP连接的两个端点。

2）序号：TCP段中第一个字节的序号。

3）确认序号：准备接收的下一个字节的序号。

4）头长：包括固定头和选项头。

5）保留：保留为今后使用，目前设置为0。

6）标识：包括紧急标识位URG和确认标识位ACK等一组位标识，用于识别当前信息传递的状态。

7）窗口大小：TCP使用可变长度的滑动窗口进行流量控制，窗口大小表明发送方可以发送的字节数（从确认序号开始）。

8）校验和：对TCP头、数据及伪头结构进行校验。

9）紧急指针：指出紧急数据的位置（距当前序号的偏移值）。

10）选项：选项可用来提供一些额外的功能。

2. UDP

（1）UDP简介

UDP（User Datagram Protocol，用户数据报协议）是OSI参考模型中一种无连接的传输层协议，处于IP的上一层协议。使用UDP传输与IP传输非常类似，可将UDP看作是IP暴露在传输层的一个接口。

UDP的主要作用是将网络数据流量压缩成数据报的形式。一个典型的数据报就是一个二进制数据的传输单位，每一个数据报的前8个字节用来包含包头信息，剩余字节则用来包含具体的传输数据。

（2）UDP首部格式

UDP的数据报同样分为头部和数据两部分。因为UDP是传输层协议，所以UDP的数据报需要经过IP的封装，然后通过IP传输到目的计算机，随后UDP包在目的计算机拆封，并将信息送到相应端口的缓存中。UDP首部见表2-3。

表2-3　UDP首部

用户数据报协议		
偏移位	0～15	16～31
0	源端口	目标端口
32	数据报长度	校验和
64+	数据（如果有）	

说明：

1）源端口：用来传输数据报的端口。

2）目标端口：数据报将要被传输到的端口。

3）数据报长度：数据报的字节长度。

4）校验和：用来确保UDP首部和数据到达时的完整性。

5）数据：被UDP封装进去的数据，包含应用层协议头部和用户发出的数据。

任务5　分析HTTP

本任务是使用Wireshark分析HTTP。使用Wireshark分析HTTP的思路如下：

1）设置HTTP过滤条件。

2）获取HTTP数据报。

3）分析HTTP数据报。

扫码看视频

第一步：对www. baidu. com抓取的数据报设置过滤条件，进行HTTP分析。

设置过滤条件：http and ip. addr==192. 168. 10. 111，其中，http用来指定网络协议；ip. addr==192-168. 10. 111用来指定服务器的IP地址。

按<Enter>键，过滤数据报的结果如图2-44所示。过滤得到两个数据报，分别是HTTP请求和HTTP响应。

http and ip. addr == 192. 168. 10. 111

No.	Time	Source	Destination	Protocol	Length	Info
198	19.238088	192.168.10.111	111.202.100.56	HTTP	548	GET /seupdater.gif?h=678F5F7D5B50F13FB83EA91FA69095F68
204	19.843489	111.202.100.56	192.168.10.111	HTTP	193	HTTP/1.1 200 OK

过滤得到两个数据包

图2-44　过滤数据报的结果

第二步：查看TCP数据流。在任意数据报上右击，选择“追踪流”→“TCP流”命令。该步骤可以过滤出和该HTTP数据报有关的TCP数据报，包含TCP的三次握手、TCP分片和组装，如图2-45所示。

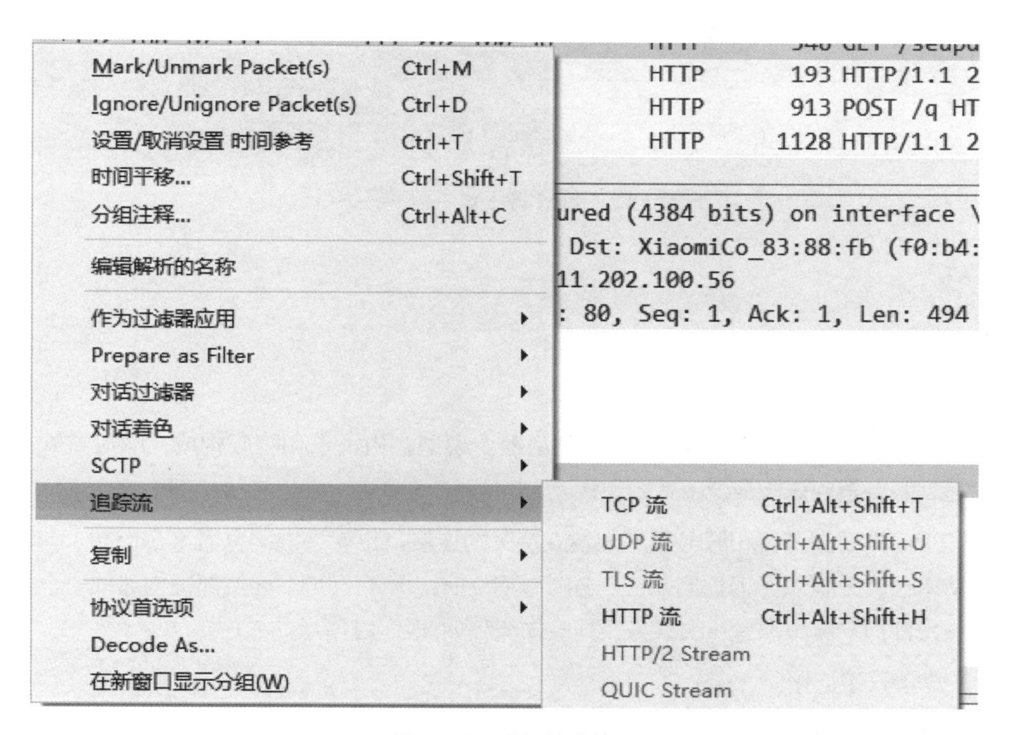

图2-45　选择追踪流

第三步：得到的结果如图2-46所示。红色背景结果为HTTP请求，蓝色背景结果为HTTP响应。

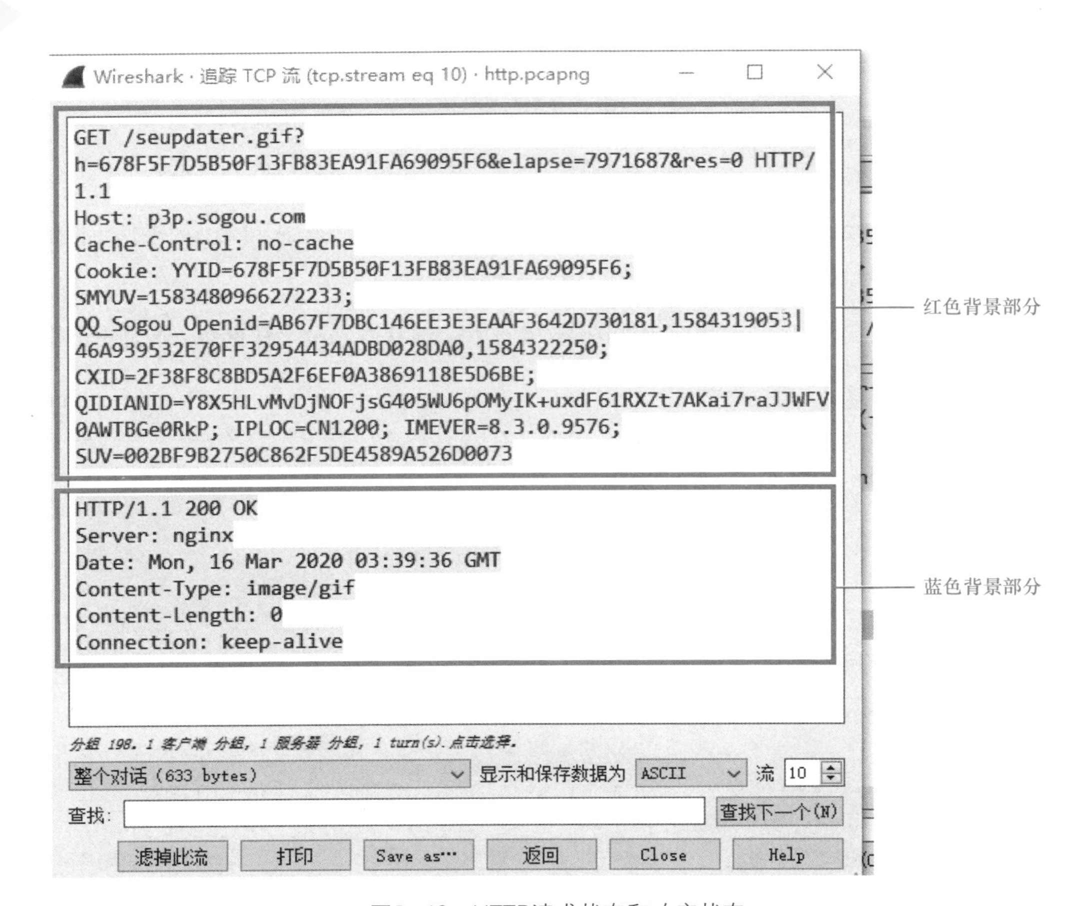

图2-46　HTTP请求状态和响应状态

1．HTTP工作原理

HTTP是一个标准的B/S（浏览器/服务器）模型，由请求和响应构成，响应方式是由客户端发起，服务器回送响应。

HTTP不需要浏览器和服务器之间建立持久的连接，也就是说浏览器（客户端）向服务器端发送请求后，一旦服务器返回响应，连接就会关闭，所有HTTP连接都被构造成一套请求和应答，一次HTTP操作称为一次事务，其工作流程如图2-47所示。

1）建立TCP连接。

为了确保数据的可靠传输，TCP要在进程间建立传输连接，用来确定通信双方都确定对方为自己的传输连接端点。

2）Web浏览器向Web服务器发送请求命令。

Web浏览器向服务器发出请求，请求地址为一个URL地址，通过这个地址可以分解出协议名、主机名、端口、对象路径等相关信息。

比如，http://localhost:8080/index.html，对该地址解析如下：

协议名：http。

主机名：localhost，可以根据这个得出主机的IP地址。

端口：8080。

对象路径：/index.html。

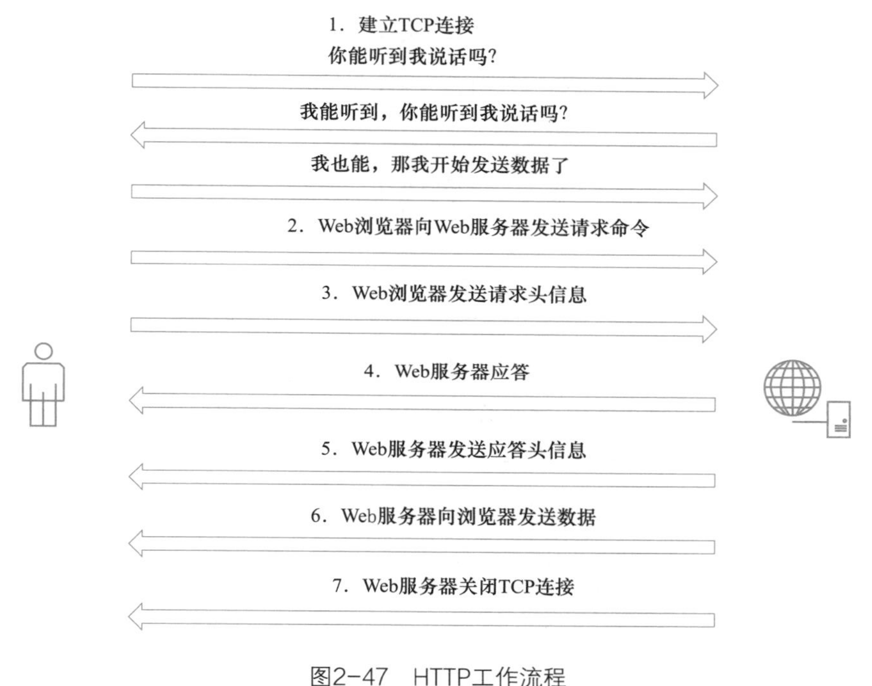

图2-47　HTTP工作流程

3）请求头文件。

在浏览器输入URL地址后，DNS域名解析器解析到服务器的IP地址，之后再发送一个空请求，该请求用来添加user-agent、host等信息。

4）服务器应答。

服务器接到请求后，先给出对应的响应信息，其格式为一个状态行，包括信息的协议版本号、一个成功或错误的代码，后面是MIME信息，包括服务器信息、实体信息和可能的内容。

5）服务器发送应答头信息。

服务器向浏览器发送头信息后，它会发送一个空白行来表示头信息的发送到此为结束。

6）服务器发送数据。

服务器以Content-Type应答头信息所描述的格式发送用户所请求的实际数据。

7）服务器关闭TCP连接。

一般情况下，一旦Web服务器向浏览器发送了请求数据，它就要关闭TCP连接。如果浏览器或者服务器在其头信息加入了代码Connection:keep-alive，就可使连接一直处于开启状态，其目的是节省每个请求建立新连接的时间，从而节约网络带宽。

2. HTTP请求报文

HTTP请求报文结构包含请求行、请求头、空行和请求体4个部分，如图2-48所示。

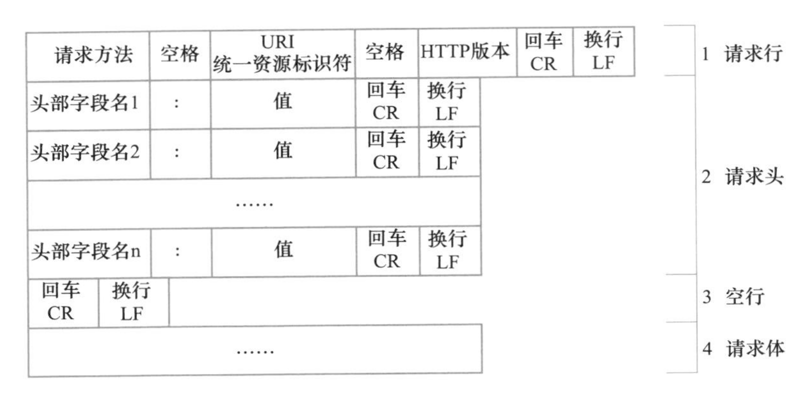

图2-48 请求报文结构

HTTP在使用TCP传输的过程中需要经过三次握手，在三次握手之后，服务器会接收到客户端发送的一个请求报文，如图2-49所示。

```
▼Request Headers
   :authority: securepubads.g.doubleclick.net
   :method: GET
   :path: /gpt/pubads_impl_rendering_2019121002.js
   :scheme: https
   accept: */*
   accept-encoding: gzip, deflate, sdch
   accept-language: zh-CN,zh;q=0.8
   cache-control: no-cache
   cookie: id=2226fee7c9c000cc||t=1574039534|et=730|cs=002213fd48f2bb4c21410012f9
   pragma: no-cache
   user-agent: Mozilla/5.0 (Windows NT 10.0; WOW64) AppleWebKit/537.36 (KHTML, like Gecko) Chrom
   e/49.0.2623.112 Safari/537.36
```

图2-49 请求报文

（1）请求行

在图2-49中，请求行为前三行的内容，包含请求的方法、URL和HTTP三个字段，每行的内容用空格进行分割，每个字段的内容用回车或者换行符结尾的方式进行分割。在图2-49中，请求方法是GET，除了GET方法，请求的方法类型还有POST、HEAD、PUT、DELETE、OPTIONS、TRACE、CONNECT。其中GET和POST最为常用。

1）GET：GET是最常用的请求方式，一般用于客户端从服务器中读取文档，使用该种方式需要注意的是请求参数和对应的值会跟在URL路径之后，通过问号（“?”）、and连接符（“&”）以及等号（“=”）连接，数据安全性和保密性比较低，请求的报文是不存在请求体的。

2）POST：POST和GET请求方式一样，也是一种常用的请求方式。POST可以将传输的数据封装在报文的请求中，对传输大小没有限制，能够弥补GET方法的不足，安全性和保密性比较好。

（2）请求头

请求头用来描述服务器的基本信息，其目的是通过获取这些描述服务器的数据信息，从而通知客户端如何处理它回送的数据。请求头由键值对组成，每行代表一对，键和值的信息用冒号进行分割。

（3）空行

空行是用回车或者换行的标识进行内容的分割，用来告诉服务器请求头到此为止。

（4）请求体

请求体包含的是请求的数据，一般情况下用于POST方法，不适用于GET方法，和请求数据相关的请求头是Content-Type和Content-Length。

3．HTTP响应报文

HTTP响应报文包含状态行、响应头、空行和响应体4个部分，如图2-50所示。

当收到GET或POST等方法发来的请求后，服务器就要对报文进行响应，响应报文如图2-51所示。

（1）状态行

状态行一般情况下由协议版本、状态码及其描述组成，其格式为HTTP-Version Status-Code Reason-Phrase CRLF，其中HTTP-Version表示服务器HTTP的版本；Status-Code表示服务器发回的响应状态代码；Reason-Phrase表示状态代码的文本描述。状态代码由3位数字组成，第1个数字定义了响应的类别，且有5种可能取值，具体如下：

1xx：指示信息——表示请求已接收，继续处理。

2xx：成功——表示请求已被成功接收、理解、接受。

3xx：重定向——要完成请求必须进行更进一步的操作。

4xx：客户端错误——请求有语法错误或请求无法实现。

5xx：服务器端错误——服务器未能实现合法的请求。

HTTP版本	空格	状态码	空格	状态码描述	回车 CR	换行 LF	1 状态行
头部字段名1	:	值	回车 CR	换行 LF			2 响应头
头部字段名2	:	值	回车 CR	换行 LF			
……							
头部字段名n	:	值	回车 CR	换行 LF			
回车 CR	换行 LF						3 空行
……							4 响应体

图2-50 响应报文结构

```
▼ Response Headers
  accept-ranges: bytes
  alt-svc: quic=":443"; ma=2592000; v="46,43",h3-Q050=":443"; ma=2592000,h3-Q049=":443"; ma=2592
  000,h3-Q048=":443"; ma=2592000,h3-Q046=":443"; ma=2592000,h3-Q043=":443"; ma=2592000
  cache-control: private, immutable, max-age=31536000
  content-encoding: gzip
  content-length: 24811
  content-type: text/javascript
  date: Tue, 24 Dec 2019 03:38:29 GMT
  expires: Tue, 24 Dec 2019 03:38:29 GMT
  last-modified: Tue, 10 Dec 2019 17:29:18 GMT
  server: sffe
  status: 200
  timing-allow-origin: *
  vary: Accept-Encoding
  x-content-type-options: nosniff
  x-xss-protection: 0
```

图2-51 响应报文

（2）响应头

响应头是用来描述服务器的基本信息的。服务器通过这些数据的描述可以通知客户端如何处理需要回送的数据。响应头包含服务器支持的请求、文字编码等内容。

（3）空行

空行是用回车或者换行的标识进行内容的分割，用来告诉服务器请求头到此为止。

（4）响应正文

响应正文包含的是被请求的数据，一般情况为Json数据，也可以是文本和流的模式。如果请求出错，响应正文也会包含错误信息。

文件传输协议（File Transfer Protocol，FTP）是TCP/IP组中的协议之一，通过学习能够使用Wireshark分析FTP。任务思路如下：

1）下载Quick Easy FTP Server软件并安装。

2）配置FTP服务器，并在测试者机器上登录FTP服务器。

3）打开Wireshark工具，设置FTP过滤条件，开始进行抓包。

4）使用CMD命令行或浏览器登录FTP服务器。

5）使用FTP服务器进行文件上传和下载。

6）返回Wireshark界面停止抓包。

7）分析抓取的FTP数据。

项目总体评价

通过学习本项目，检查自己是否掌握了以下技能，在技能检测表中标出已掌握的技能。

评价标准	个人评价	小组评价	教师评价
能够成功下载并安装Wireshark软件			
能够使用Wireshark抓取网络数据			
能够使用Wireshark设置IP过滤条件，并捕获IP数据报对其进行分析			
能够使用Wireshark设置TCP过滤条件，并捕获TCP数据报对其进行分析			
能够使用Wireshark设置HTTP过滤条件，并捕获HTTP数据报对其进行分析			

备注：A为能做到，B为基本能做到，C为部分能做到，D为基本做不到。

练习题

一、填空题

1．在计算机网络的定义中，一个计算机网络包含多台具有________功能的计算机；把众多计算机有机连接起来要遵循规定的约定和规则，即______；计算机网络的最基本特征是______。

2．常见的计算机网络拓扑结构有：______、______、______、和______。

3．网络按覆盖的范围可分为广域网、______、______。

4．TCP/IP参考模型共分了______层，其中3、4层是______。

5．电子邮件系统提供的是一种______服务，WWW服务模式为______。

6．B类IP地址的范围是______。

7．目前无线局域网采用的拓扑结构主要有______、______、______。

二、选择题

1．计算机网络拓扑是通过网中结点与通信线路之间的几何关系表示网络中各实体间的（   ）。

A．联机关系　B．结构关系　C．主次关系　D．层次关系

2．127.0.0.1属于哪一类特殊地址（   ）。

A．广播地址　B．回环地址　C．本地链路地址　D．网络地址

3．HTTP的会话有4个过程，以下（   ）不是。

A．建立连接　B．发出请求信息　C．发出响应信息　D．传输数据

4．在ISO/OSI参考模型中，网络层的主要功能是（   ）。

A．提供可靠的端——端服务，透明地传送报文

B．路由选择、拥塞控制与网络互联

C．在通信实体之间传送以帧为单位的数据

D．数据格式变换、数据加密与解密、数据压缩与恢复

5．以下（   ）IP地址标识的主机数量最多。

A．D类　B．C类　C．B类　D．A类

6．子网掩码中“1”代表（   ）。

A．主机部分　B．网络部分　C．主机个数　D．无任何意义

Project 3

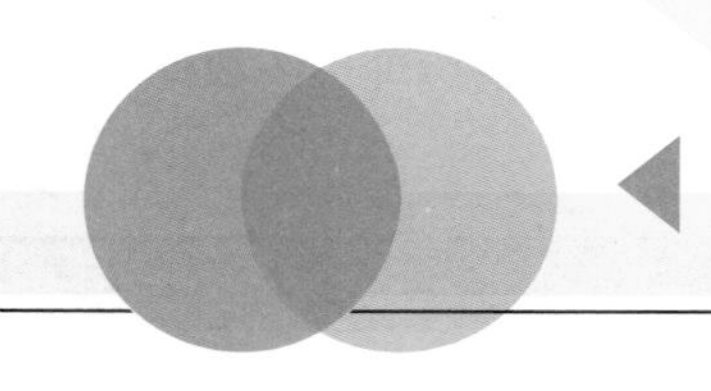

项目3 操作数据库

项目情境

某公司是一家民营的手机销售企业，主要从事各类手机的批发，现有客户10 000余家。现为该公司开发一套手机销售管理系统，对公司的手机销售业务进行计算机管理，以保证数据的安全性，提高工作效率。

经理：小张，咱们公司现在在谈一个手机销售企业的项目，该公司想开发一套手机销售管理系统。

小张：开发系统需要用到数据库，那么决定使用哪个数据库呢？

经理：这个需要你去调研一下。

小张：经理，我查阅了数据库的相关资料，感觉这个项目用MySQL比较好。

经理：我也发现现在市面上中小型项目都是用MySQL，那就用这个数据库吧。

小张：好的，没问题。

经理：你根据项目的具体需求去设计数据库吧。

小张：保证完成任务。

小张和经理谈完话后，通过与公司销售部工作人员的沟通交流，确定该手机销售管理系统的业务描述如下。

1）手机销售管理系统数据库为工作人员提供手机库存信息查询业务，见表3-1。

表3-1 手机库存管理业务

业务	功能描述
库存管理	进货需要增加库存，客户下订单后需减少对应品牌的库存
库存查询	查询各品牌、型号、颜色、内存大小、单价等手机的库存
管理客户信息	管理客户的基本信息
管理订单信息	管理订单的基本信息

2）手机销售管理系统数据库为工作人员提供会员信息查询业务，见表3-2。

表3-2　会员信息管理业务

数据	功能描述
会员编号	会员编号
会员姓名	会员的名称
性别	会员的性别
密码	会员的密码
会员邮箱	会员的联系邮箱
联系电话	会员的联系电话
通信地址	会员的通信地址

3）手机销售管理系统数据库为工作人员、会员提供订单信息查询业务，见表3-3。

表3-3　订单信息管理业务

数据	功能描述
订单数量	各品牌手机的订单数量
订单状态	各订单的发货状态
订购时间	各品牌手机的订单产生时间
发货时间	各品牌手机的订单发货时间

根据公司的需求，设计一个手机销售管理系统数据库，使用MySQL作为管理系统的数据库软件，以满足手机销售系统的库存查询、客户管理、订单管理等业务操作。

学习目标

【知识目标】

- 了解关系型数据库
- 掌握MySQL的特点
- 掌握创建数据库表的语法
- 掌握查看数据库表的语法
- 掌握插入表记录的语法
- 掌握查询语句
- 了解如何创建索引
- 掌握索引的相关语法

【技能目标】

- 能够成功安装MySQL软件
- 能够使用MySQL创建数据库

- 能够使用MySQL创建数据库表
- 能够使用MySQL插入表中的数据
- 能够使用MySQL查询表中的数据
- 能够使用MySQL创建索引

任务1 安装MySQL

素养提升

多年来，国内数据库市场一直是国外品牌的天下：甲骨文、IBM和微软，被称为数据库行业的三巨头。随着阿里云首次挺进全球数据库第一阵营——领导者（LEADERS）象限，在经历了长达40年的苦苦追赶后，我国的数据库产业终于逐渐由市场的跟随者、市场“巨头”的“小弟”逐渐发展成为市场的竞争者，并且出现在第一梯队中。随着时间的推移，我们发现越来越多的本土数据库服务商正在崛起，他们用创新的思维、先进的技术，正在引领我国科技向全球发展。

任务描述

MySQL是一种关系数据库管理系统，所使用的SQL是访问数据库的最常用的标准化语言，其特点为体积小、速度快、总体拥有成本低，尤其是开放源代码这一特点，在Web应用方面，MySQL是最好的关系数据库管理系统应用软件之一。本任务是通过下载MySQL免安装版为例，安装配置MySQL软件。安装配置MySQL软件的思路如下：

1）进入MySQL官网，下载免安装版软件。

2）配置MySQL。

3）验证是否配置成功。

扫码看视频

任务步骤

第一步：进入MySQL官网，单击“DOWNLOADS”按钮，打开的页面如图3-1所示，单击“MySQL Community (GPL) Downloads”按钮，打开的页面如图3-2所示。

Customer Download » (Select Patches & Updates Tab, Product Search)
Trial Download »

MySQL Community (GPL) Downloads »

图3-1　单击“DOWNLOADS”按钮打开的页面

MySQL Community Downloads

- MySQL Yum Repository
- MySQL APT Repository
- MySQL SUSE Repository
- MySQL Community Server
- MySQL Cluster
- MySQL Router
- MySQL Shell
- MySQL Workbench
- MySQL Installer for Windows
- MySQL for Excel
- MySQL for Visual Studio
- Connector/C (libmysqlclient)
- Connector/C++
- Connector/J
- Connector/NET
- Connector/Node.js
- Connector/ODBC
- Connector/Python
- MySQL Native Driver for PHP
- MySQL Benchmark Tool
- Time zone description tables
- Download Archives

图3-2　单击“MySQL Community (GPL) Downloads”打开页面

单击“MySQL Community Server”按钮进入下载页面，如图3-3所示。单击“Download”按钮下载免安装版（Windows以外的其他系统除外）。

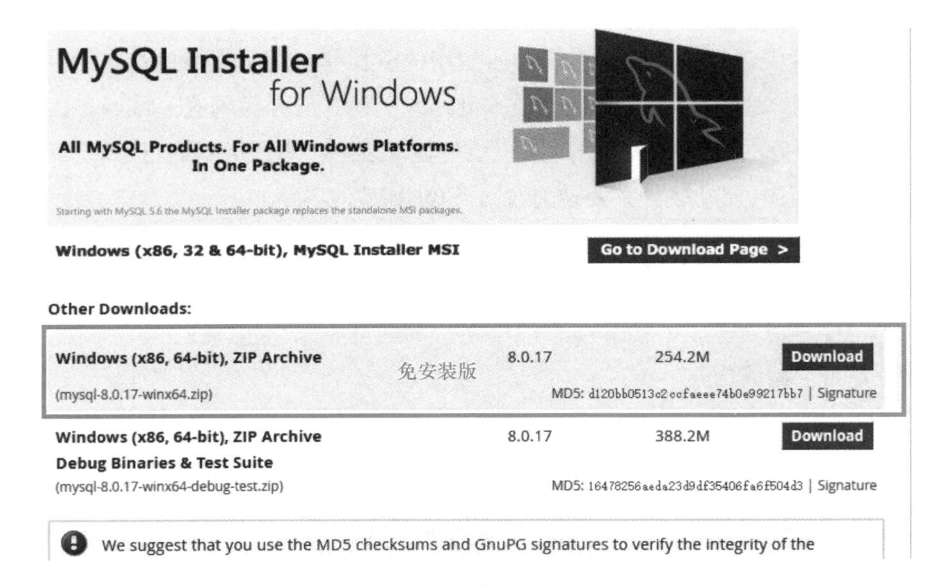

图3-3　下载免安装版软件

第二步：以管理员身份打开命令提示符，如图3-4所示。

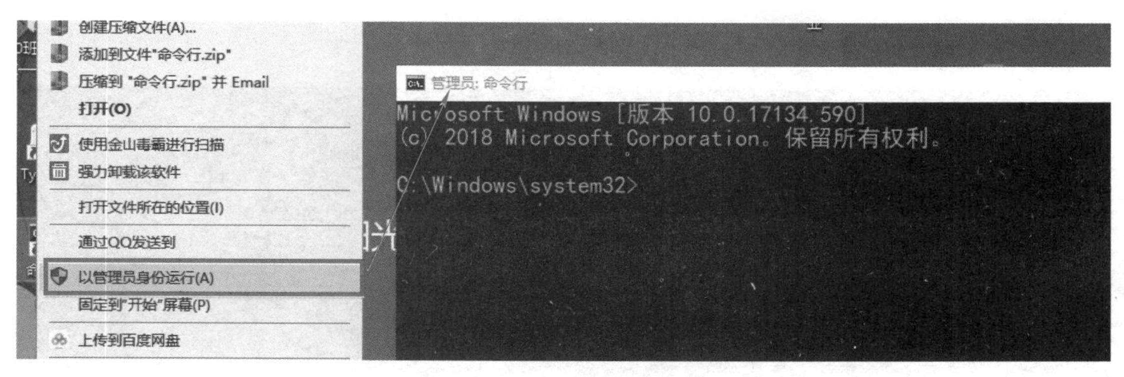

图3-4　打开命令提示符

第三步：使用cd命令切换目录，转到MySQL的bin目录下，如图3-5所示。

```
C:\Windows\system32>cd C:\mysql\mysql57\bin

C:\mysql\mysql57\bin>
```

转到 bin 文件夹目录下

图3-5　切换到bin目录

第四步：使用mysqld—install命令安装MySQL的服务，如图3-6所示。

```
C:\mysql\mysql57\bin>mysqld --install
Service successfully installed.

C:\mysql\mysql57\bin>
```

安装服务

安装成功的提示

图3-6　安装MySQL的服务

第五步：使用mysqld—initialize—console命令初始化MySQL，如图3-7所示。

```
Service successfully installed.

C:\mysql\mysql57\bin>mysqld --initialize --console
2019-09-11T02:55:10.768038Z 0 [Warning] TIMESTAMP with implicit DEFAULT value is deprecated. Please use --explicit_defaults_for_times
tamp server option (see documentation for more details).
2019-09-11T02:55:15.177458Z 0 [Warning] InnoDB: New log files created, LSN=45790
2019-09-11T02:55:16.085379Z 0 [Warning] InnoDB: Creating foreign key constraint system tables.
2019-09-11T02:55:16.318836Z 0 [Warning] No existing UUID has been found, so we assume that this is the first time that this server ha
s been started. Generating a new UUID: 953a90b6-d43f-11e9-b27b-544810b9498f.
2019-09-11T02:55:16.363186Z 0 [Warning] Gtid table is not ready to be used. Table 'mysql.gtid_executed' cannot be opened.
2019-09-11T02:55:16.376247Z 1 [Note] A temporary password is generated for root@localhost: uwwJS4v:Ap<
```

然后进行初始化

* 初始化产生的随机密码

图3-7　初始化MySQL

第六步：使用net start MySQL命令开启MySQL的服务，如图3-8所示。

图3-8　开启MySQL的服务

第七步：使用MySQL -u root -p命令登录验证，登录成功如图3-9所示。

```
C:\mysql\mysql57\bin>mysql -u root -p
Enter password: ************
Welcome to the MySQL monitor.  Commands end with ; or \g.
Your MySQL connection id is 3
Server version: 5.7.27

Copyright (c) 2000, 2019, Oracle and/or its affiliates. All rights reserved.

Oracle is a registered trademark of Oracle Corporation and/or its
affiliates. Other names may be trademarks of their respective
owners.

Type 'help;' or '\h' for help. Type '\c' to clear the current input statement.
```


图3-9　登录成功

第八步：使用alter user ‘root@localhost’ identified by ‘root’命令修改密码，如图3-10所示。

```
mysql> alter user 'root'@'localhost' identified by 'root';
Query OK, 0 rows affected (0.00 sec)

mysql>
```


图3-10　修改命令

第九步：使用MySQL -u root -p命令登录验证新密码，如图3-11所示。

```
mysql> exit
Bye

C:\mysql\mysql57\bin>mysql -u root -p
Enter password: ****
Welcome to the MySQL monitor.  Commands end with ; or \g.
Your MySQL connection id is 5
Server version: 5.7.27 MySQL Community Server (GPL)

Copyright (c) 2000, 2019, Oracle and/or its affiliates. All rights reserved.

Oracle is a registered trademark of Oracle Corporation and/or its
affiliates. Other names may be trademarks of their respective
owners.

Type 'help;' or '\h' for help. Type '\c' to clear the current input statement.

mysql>
```


图3-11　修改密码后登录

第十步：设置系统的全局变量：

单击“我的电脑”→“属性”→“高级系统设置”→“环境变量”命令，新建系统变量

mysql并设置变量值的目录，如图3-12所示。

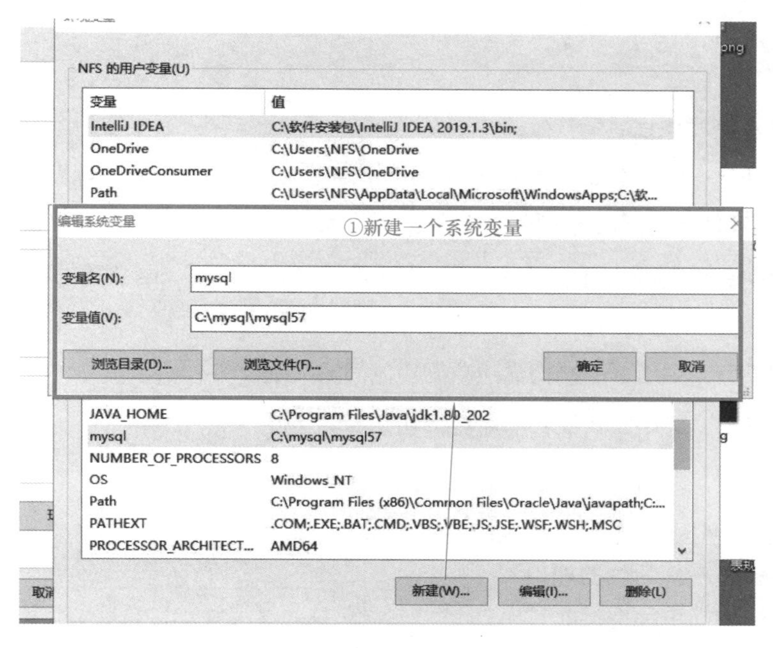

图3-12　新建系统变量mysql

把新建的mysql变量添加到Path路径中，单击“确定”按钮完成添加，如图3-13所示。

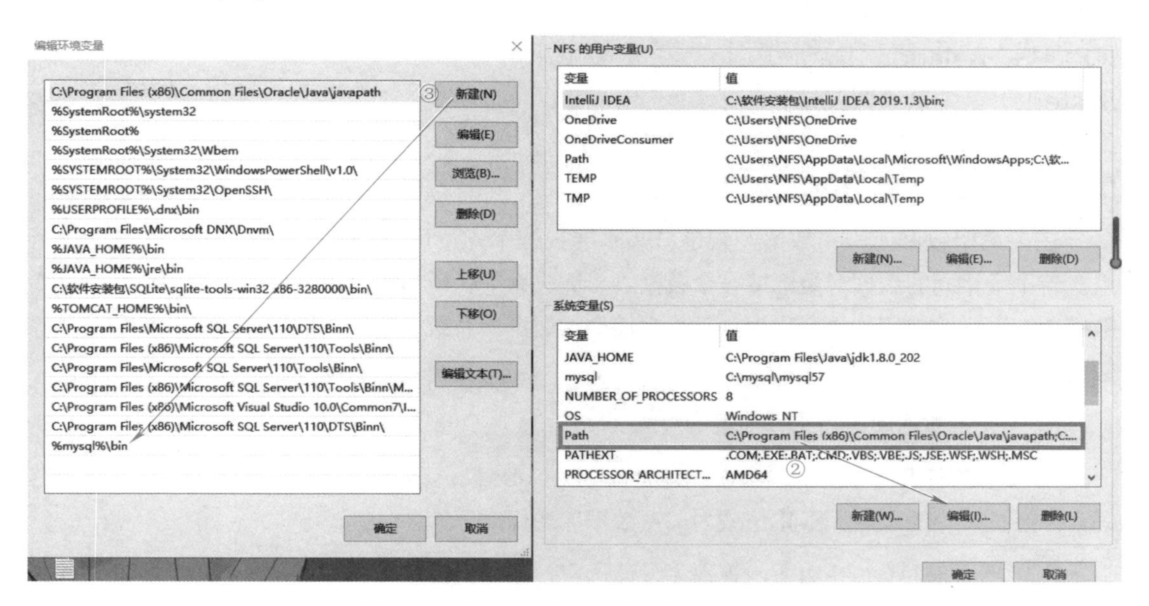

图3-13　将mysql变量添加到Path路径中

配置完成之后，通过命令行使用MySQL时，只需要按快捷键<Win+R>出现运行文本框，在运行文本框中输入“cmd”命令打开命令行，之后输入登录MySQL数据库的命令语句即可。

知识储备

1．关系数据库

（1）关系数据库概述

在客观世界中，一组数据可以用于标识一个客观实体，这组数据就被称为数据实体。在数据库中，有些数据实体之间存在着某种关联，人们采用数据模型来描述数据实体间关联的形式。

在数据库中，有3种经典的数据模型，分别是层次数据模型、网状数据模型和关系数据模型。其中：

层次数据模型，采用树形结构描述数据实体间的关联；

网状数据模型，采用网状结构描述数据实体间的关联；

关系数据模型，采用二维表结构描述数据实体间的关联。

关系数据模型因其具有较高的数据独立性和较严格的数据理论基础，并具有结构简单和提供非过程性语言等优点，得到了较大规模的应用。采用关系数据模型构造的数据库系统被称为关系数据库系统（RDBS，Relation Data Base System）。关系模型就是一张二维表，如图3-14所示。一个关系型数据库就是若干个二维表的集合。

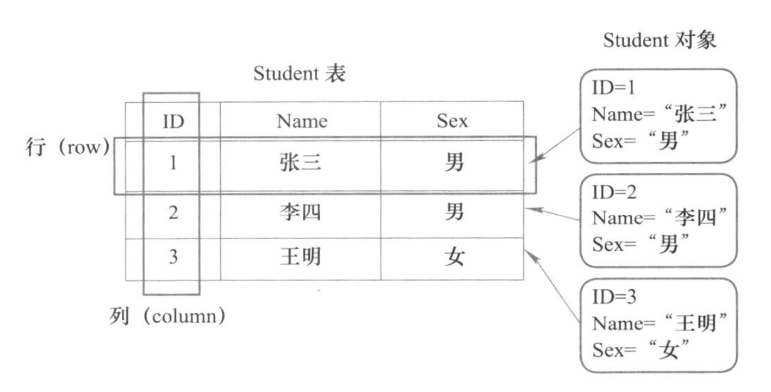

图3-14　关系数据模型二维表

在关系型数据库中，数据元素是最基本的数据单元，可以将若干个数据元素组成数据元组。若干个相同的数据元组组成一个数据表（即关系），所有相互关联的数据表可以组成一个数据库。这样的数据库集合称为基于关系模型的数据库系统，对应的数据库管理软件称为关系数据库管理系统。

（2）关系数据库语言——SQL

结构化查询语言（Structured Query Language，SQL）是最重要的关系数据库操作语言，经过多年的发展，SQL已成为关系数据库的标准语言。

SQL不同于Java、Python等程序设计语言，它是只能被数据库识别的指令，但在程序设计中，可以利用其他编程语言组织SQL的语句发送给数据库，数据库再执行相应的操作。

根据功能划分，SQL语言主要由以下4个部分组成：

1）DML（Data Manipulation Language，数据操纵语言）：用来插入、修改和删除数据库中的数据，主要包括insert、update、delete命令。

2）DDL（Data Definition Language，数据定义语言）：用来建立数据库、建立表等，主要包括create database、create table等命令。

3）DQL（Data Query Language，数据查询语言）：用来对数据库中的数据进行查询，使用select命令完成查询。

4）DCL（Data Control Language，数据控制语言）：用来控制数据库组件的存取许可、存取权限等，主要包括grant、revode命令。

2. MySQL数据库

MySQL数据库可以称得上是目前运行速度最快的SQL数据库之一。相对于Oracle、DB2等数据库来说，MySQL数据库的使用非常简单。

MySQL数据库由瑞典MySQL AB公司开发，目前属于Oracle公司旗下的产品。作为关系型数据库最好的应用软件之一，MySQL是开放源代码的，因此任何人都可以下载并根据自己的需要对其进行修改。

MySQL数据库是一个精巧的SQL数据库管理系统，主要有以下特点：

1）超强的稳定性；

2）支持大型数据库；

3）支持多种字符集存储；

4）可移植性好；

5）强大的查询功能。

任务2 创建数据库

近年来，删除数据库的操作时有发生。2017年2月，GitLab的一位系统管理员在给线上数据库做负载均衡工作时，错误地在生产环境上执行了数据库目录删除命令，导致300GB 数据被删成4.5GB，GitLab被迫下线；2020年，在线记分牌网站KeepTheScore 的数据库管理员意外删除了生产数据库，导致超过30 万个记分牌和相关数据瞬间“灰飞烟灭”。在数据经济时代，数据库正变得越来越有价值，已经成为企业的核心资产。无论是哪一种删除，都会给用户服务和企业的正常经营造成严重的负面影响，这一点是毋庸质疑的。因此，我们应保持认真严谨的工作态度，做好自己的工作。

任务描述

小张安装完数据库之后，开始对项目需求进行分析，发现确定数据字典和创建表是开发数据库中必不可少的阶段。因此本任务将创建数据库及数据库表并插入对应的数据，思路如下：

1）根据需求确定数据字典。

2）根据数据字典创建数据库。

3）根据提供的数据进行数据库信息的插入。

扫码看视频

任务步骤

第一步：确定数据表结构，经过对项目的需求分析得出需要创建3个表，即库存表stock（见表3-4）、会员表user（见表3-5）和订单表ordertb（见表3-6）。

表3-4　库存表stock

字段名	字段说明	数据类型	长度	允许为空	约束	备注
mobID	手机编号	varchar	50	非空	主键	
brand	品牌	varchar	50	非空		
model	型号	varchar	30	非空		
color	颜色	varchar	30	非空		
memSize	内存大小	varchar	10	非空		
price	单价	float		非空		
stockNum	库存数量	int		非空		

表3-5　会员表user

字段名	字段说明	数据类型	长度	允许为空	约束	备注
uId	会员编号	varchar	10	非空	主键	
uName	会员姓名	varchar	50	非空		
password	密码	varchar	20	非空		
sex	性别	char	2	非空		
email	会员邮箱	varchar	30	可		
phone	联系电话	varchar	20	可		
address	通信地址	varchar	50	可		

表3-6　订单表ordertb

字段名称	字段说明	数据类型	长度	可否为空	约束	备注
oid	订单号	int	10	非空	主键	自动编号
uid	会员编号	varchar	10	非空	外键	引用user表主键
sid	手机编号	varchar	50	非空	外键	引用stock表主键
orderNum	订购数量	int		非空		
status	订单状态	tinyint		非空		1表示已处理，0表示待处理
orderTime	订购日期	datetime		非空		
deliveryTime	发货时间	datetime		非空		

第二步：登录数据库。

打开命令提示符，在命令行中输入如下命令和密码，登录数据库。

```
mysql –h 127.0.0.1 –p
```

第三步：创建数据库。

创建数据库mobileSale，代码如下。

```
create database mobileSale;
```

第四步：创建数据表。

根据设计出的“手机销售管理系统”数据表的结构，使用create table语句创建数据表。

1）创建库存表stock，代码如下。

```
create table stock
(
mobID varchar(50) primary key,
brand varchar(50) not null,
model varchar(30) not null,
color varchar(30) not null,
memSize varchar(10) not null,
price float not null,
stockNum int not null
);
```

上述命令执行完成后，可通过desc命令查看stock表的结构信息，如图3-15所示。

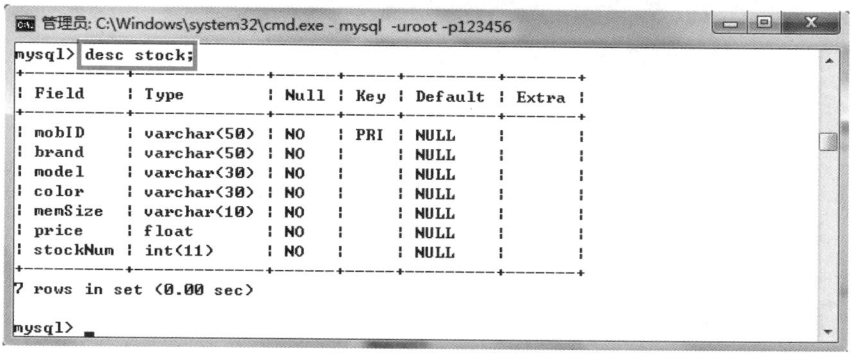

```
管理员: C:\Windows\system32\cmd.exe - mysql -uroot -p123456
mysql> desc stock;
+----------+-------------+------+-----+---------+-------+
| Field    | Type        | Null | Key | Default | Extra |
+----------+-------------+------+-----+---------+-------+
| mobID    | varchar(50) | NO   | PRI | NULL    |       |
| brand    | varchar(50) | NO   |     | NULL    |       |
| model    | varchar(30) | NO   |     | NULL    |       |
| color    | varchar(30) | NO   |     | NULL    |       |
| memSize  | varchar(10) | NO   |     | NULL    |       |
| price    | float       | NO   |     | NULL    |       |
| stockNum | int(11)     | NO   |     | NULL    |       |
+----------+-------------+------+-----+---------+-------+
7 rows in set (0.00 sec)

mysql>
```

图3-15　查看stock表结构

2）创建用户表user，代码如下。

```
create table user
```

```
(
uID varchar(10) primary key,
uName varchar(50) not null,
passwd varchar(20) not null,
sex char(2) not null check(sex in('男','女')),
email varchar(30),
phone varchar(30),
address varchar(50) default '地址不详'
);
```

上述命令执行完成后，可通过desc命令查看stock表的结构信息，如图3-16所示。

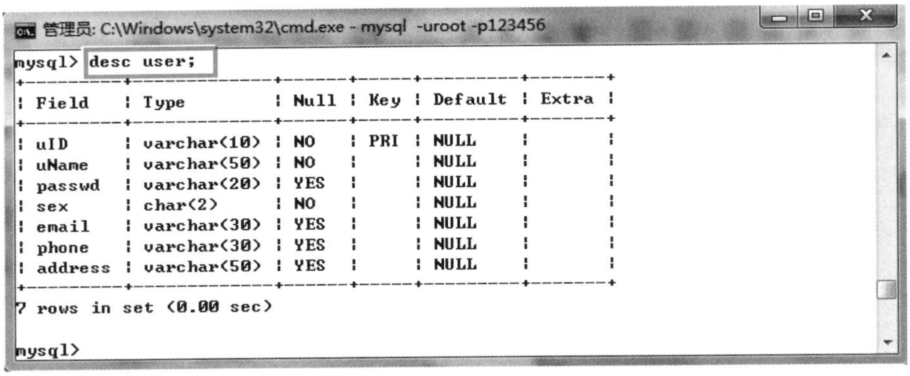

```
管理员: C:\Windows\system32\cmd.exe - mysql -uroot -p123456
mysql> desc user;
+---------+-------------+------+-----+---------+-------+
| Field   | Type        | Null | Key | Default | Extra |
+---------+-------------+------+-----+---------+-------+
| uID     | varchar(10) | NO   | PRI | NULL    |       |
| uName   | varchar(50) | NO   |     | NULL    |       |
| passwd  | varchar(20) | YES  |     | NULL    |       |
| sex     | char(2)     | NO   |     | NULL    |       |
| email   | varchar(30) | YES  |     | NULL    |       |
| phone   | varchar(30) | YES  |     | NULL    |       |
| address | varchar(50) | YES  |     | NULL    |       |
+---------+-------------+------+-----+---------+-------+
7 rows in set (0.00 sec)

mysql>
```

图3-16　查看user表结构

3）创建订单表ordertb，代码如下。

```
create table ordertb
(
orderID varchar(10),
uID varchar(10) not null,
mobID varchar(50) not null,
orderNum int not null,
orderTime date not null,
status tinyint(1),
deliveryTime date,
primary key(orderID)
);
```

上述命令执行完成后，可通过desc命令查看ordertb表的结构信息，如图3-17所示。

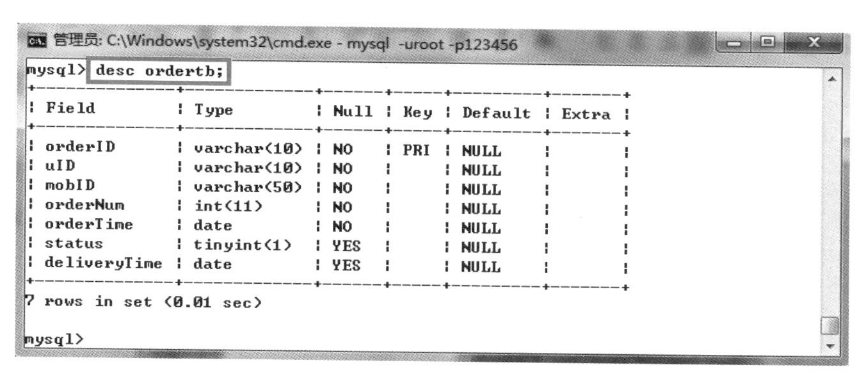
```
管理员: C:\Windows\system32\cmd.exe - mysql -uroot -p123456
mysql> desc ordertb;
+--------------+-------------+------+-----+---------+-------+
| Field        | Type        | Null | Key | Default | Extra |
+--------------+-------------+------+-----+---------+-------+
| orderID      | varchar(10) | NO   | PRI | NULL    |       |
| uID          | varchar(10) | NO   |     | NULL    |       |
| mobID        | varchar(50) | NO   |     | NULL    |       |
| orderNum     | int(11)     | NO   |     | NULL    |       |
| orderTime    | date        | NO   |     | NULL    |       |
| status       | tinyint(1)  | YES  |     | NULL    |       |
| deliveryTime | date        | YES  |     | NULL    |       |
+--------------+-------------+------+-----+---------+-------+
7 rows in set (0.01 sec)

mysql>
```

图3-17　查看ordertb表结构

第五步：插入测试数据。

使用SQL语句向数据库中插入测试数据，需要插入的数据见表3-7～表3-9。

表3-7　存库表stock数据

mobID	brand	model	color	memSize	price	stockNum
m00001	华为	P20	亮黑色	64GB	3288	2312
m00002	华为	P20	亮黑色	128GB	3488	1798
m00003	华为	P20	极光色	64GB	3388	2499
m00004	华为	P20	极光色	128GB	3488	1133
m00005	华为	P30	亮黑色	64GB	3988	580
m00006	华为	P30	亮黑色	128GB	4388	400
m00007	华为	P30	极光色	64GB	3988	340
m00008	华为	P30	极光色	128GB	4288	2010
m00009	小米	小米8	黑色	64GB	3499	1920
m00010	小米	小米8	白色	128GB	3699	2311

表3-8　会员表user数据

uID	uName	passWord	sex	email	phone	address
u0001	n01	123456	男	346000032@qq.com	13800001267	天津市河东区
u0002	n02	123456	男	562000013@qq.com	13600002233	山东省济南市
u0003	n03	123456	女	209000025@qq.com	18500000717	四川省成都市

表3-9　订单表ordertb数据

orderID	uID	bID	orderNum	orderTime	status	deliveryTime
E00001	u0001	m00001	200	2019/6/22	1	2019/6/30
E00002	u0002	m00002	150	2019/6/22	1	2019/6/30
E00003	u0002	m00003	50	2019/7/5	1	2019/7/15
E00004	u0003	m00004	48	2019/8/10	1	2019/8/20
E00005	u0003	m00005	135	2019/9/26	1	2019/9/29

1）对库存表stock执行插入命令，代码如下：

```
insert into stock values
('m00001','华为','P20','亮黑色','64GB',3288,2312),
('m00002','华为','P20','亮黑色','128GB',3488,1798),
('m00003','华为','P20','极光色','64GB',3388,2499),
('m00004','华为','P20','极光色','128GB',3488,1133),
('m00005','华为','P30','亮黑色','64GB',3988,580),
('m00006','华为','P30','亮黑色','128GB',4388,400),
('m00007','华为','P30','极光色','64GB',3988,340),
('m00008','华为','P30','极光色','128GB',4288,2010),
('m00009','小米','小米8','黑色','64GB',3499,1920),
('m00010','小米','小米8','白色','128GB',3699,2311);
```

2）对用户表user执行插入命令，代码如下：

```
insert into user values
('u0001','n01','123456','男','34687653@qq.com','13896501267','天津市河东区'),
('u0002','n02','123456','男','56256781@qq.com','13689772233','山东省济南市'),
('u0003','n03','123456','女','20987122@qq.com','18590190717','四川省成都市');
```

3）对订单表ordertb执行插入命令，代码如下：

```
insert into ordertb values
('E00001','u0001','m00001',200,'2019-06-22',1,'2019-06-30'),
('E00002','u0002','m00002',150,'2019-06-22',1,'2019-06-30'),
('E00003','u0002','m00003',50,'2019-07-05',1,'2019-07-15'),
('E00004','u0003','m00004',48,'2019-08-10',1,'2019-08-20'),
('E00005','u0003','m00005',135,'2019-09-26',1,'2019-09-29');
```

知识储备

1．创建数据表

在建立了数据库之后，需按照分类进行数据库表的创建以及数据的存储。创建数据表的语法格式为：

```
create table数据表名(
  字段1 数据类型,
  字段2 数据类型,
……
字段n 数据类型
);
```

参数说明:

数据表名：是需要创建的数据表的名字。

字段名：是指数据表中的列名。

数据类型：是指表中列的类型，用于存储指定类型格式的数据。

注意：在MySQL中录入操作命令时，所有的符号均应使用英文半角字符，如小括号、逗号、单引号或双引号等。另外，在命令提示符窗口中输入命令时，由于部分命令比较长，在输入时可以按<Enter>键进行换行，换行之后的命令系统会识别为同一条命令，命令换行之后会在命令行上显示符号“->”。

2．查看数据表

数据表创建之后，用户可以查看表的创建信息，如查看所有表、查看表结构、查看表的定义等。

（1）查看所有表

创建完数据表之后，如果需要查看该表是否已经成功创建，则可以在指定的数据库中使用查看表的SQL命令，语法格式为“show tables;”。

（2）查看指定表的结构信息

拥有了数据表之后，如果需要查看数据表的结构信息，可以在指定的数据库中使用查看指定表结构信息的SQL命令，语法格式为“describe表名;”，通常简写为“desc表名;”

（3）查看指定表的定义信息

如果需要查看数据表的定义信息，则可以在指定的数据库中使用查看表定义信息的SQL命令，语法格式为“show create table数据表名;”。

3．修改数据表

数据表创建之后，用户可以对表的结构信息进行修改，如修改表名、修改字段名、修改字段类型、添加字段、删除字段等。对表结构的修改可以通过执行SQL语句“alter table”来实现。

（1）修改表名

如果需要修改数据表的名字，语法格式为:

```
alter table旧表名 rename新表名;
```

（2）修改字段名

如果需要修改数据表的字段名，语法格式为:

```
alter table表名 change旧字段名 新字段名 新数据类型;
```

（3）修改字段类型

如果需要修改数据表的字段类型，语法格式为:

```
alter table表名 modify 字段名 新数据类型;
```

（4）添加字段

如果需要向数据表中添加一个新的字段，语法格式为：

```
alter table表名 add 新字段名 数据类型 [FIRST|AFTER 已经存在的字段名];
```

参数说明：

新字段名：表示新添加的字段名称。

FIRST：是可选参数，用于将新添加的字段设置为表的第一个字段。

AFTER 已经存在的字段名：用于将新添加的字段添加到指定字段的后面。如不指定位置，则默认将新字段添加到表的最后一列。

（5）删除字段

如果需要在数据表中删除一个字段，语法格式为：

```
alter table表名 drop 字段名;
```

4．删除数据表

删除数据表是指删除数据库中已存在的表，同时，如果该表中已经有记录，那么该表中的记录也会被一并删除。在数据库中删除一个表的语法格式为“drop table表名;”。

5．插入表记录

在MySQL中建立了一个空的数据库和表后，首先需要考虑的是如何向数据表中添加数据。添加数据的操作可以使用insert命令来完成，可以向已有数据库表插入一行或者多行数据。

利用insert命令插入单条记录分为4种情况：插入完整的一条记录、插入不完整的一条记录、插入带有字段默认值的记录以及插入已存在主键值的记录，语法格式为：

```
insert into <表名> [(字段名列表)]
values（值列表）;
```

参数说明：

into：用在insert关键字和表名之间的可选关键字，可以省略。

字段名列表：指定要插入的字段名，可以省略。如果不写字段名，表示要向表中的所有字段插入数据；如果写部分字段名，表示只为指定的字段插入数据，多个字段名之间用逗号分隔。

值列表：表示为各字段指定一个具体的值，各值之间用逗号分隔，也可以是空值

NULL。在插入记录时，如果某个字段的值想采用该列的默认值，则可以用DEFAULT来代替。值列表里的各项值的数据类型要与该列的数据类型保持一致，并且字符型值需要用单引号或双引号括起来。

6. 修改表记录

在MySQL中，数据库中的表拥有记录之后，可对数据库表中的数据进行修改、更新操作。可用update命令实现，可以修改单个表，也可以修改多个表，语法格式为：

```
update <表名>
set 字段名1=值1[,字段名2=值2,……]
where 条件;
```

参数说明：

<表名>：用在update和set关键字之间，表示要更新的表的名字，不可以省略。

字段名1=值1：表示将该字段的值修改为一个新的值，如果有多个字段的值需要同时修改，则用逗号分隔。值可以是常量、变量或表达式。

where条件：指定要修改记录的条件，可以省略。如果不写条件，则表示将表中所有记录的字段值修改成新的值；若写了条件，则只修改满足条件的记录指定字段的值。更新时一定要保证where条件子句的正确性，一旦where子句出错，将会严重破坏数据表的记录。

7. 删除表记录

可用delete命令删除表记录，其语法格式为：

```
delete from <表名>  where 条件;
```

参数说明：

<表名>：表示要删除记录对应表的名字。

where条件：表示指定要删除记录的条件。

任务3 查询数据

操纵数据是数据库中非常重要的操作，我们要在实践过程中培养良好的职业素养，做

“数据的保护者”，而不是“数据的破坏者”。比如在查询数据库中的数据时，我们应构建满足诚信数据比对的SQL语句，有诚信、守纪的意识，始终保持严谨认真的工作态度，培养诚信价值观。

任务描述

小张创建完数据库和数据库表后，想通过查询语句查询插入的测试数据是否插入成功，还想编写SQL语句实现手机销售管理系统的日常业务，本任务是使用SQL语句查询数据库表中数据的相关信息，实现SQL语句查询数据库表的思路如下：

扫码看视频

1）使用select * from 数据表查询测试数据是否插入成功。

2）使用select条件查询语句查询手机库存信息。

3）使用select实现多表查询。

任务实施

第一步：各数据表数据添加成功后，使用select命令查看添加结果，如图3-18～图3-20所示。

```
管理员: C:\Windows\system32\cmd.exe - mysql  -uroot -p123456
mysql> select * from stock;
+--------+-------+-------+--------+---------+-------+----------+
| mobID  | brand | model | color  | memSize | price | stockNum |
+--------+-------+-------+--------+---------+-------+----------+
| m00001 | 华为  | P20   | 亮黑色 | 64GB    |  3288 |     2312 |
| m00002 | 华为  | P20   | 亮黑色 | 128GB   |  3488 |     1798 |
| m00003 | 华为  | P20   | 极光色 | 64GB    |  3388 |     2499 |
| m00004 | 华为  | P20   | 极光色 | 128GB   |  3488 |     1133 |
| m00005 | 华为  | P30   | 亮黑色 | 64GB    |  3988 |      580 |
| m00006 | 华为  | P30   | 亮黑色 | 128GB   |  4388 |      400 |
| m00007 | 华为  | P30   | 极光色 | 64GB    |  3988 |      340 |
| m00008 | 华为  | P30   | 极光色 | 128GB   |  4288 |     2010 |
| m00009 | 小米  | 小米8 | 黑色   | 64GB    |  3499 |     1920 |
| m00010 | 小米  | 小米8 | 白色   | 128GB   |  3699 |     2311 |
+--------+-------+-------+--------+---------+-------+----------+
10 rows in set (0.02 sec)

mysql>
```

图3-18 查看stock表数据

```
管理员: C:\Windows\system32\cmd.exe - mysql  -uroot -p123456
mysql> select * from user;
+-------+-------+--------+-----+-------------------+-------------+--------------+
| uID   | uName | passwd | sex | email             | phone       | address      |
+-------+-------+--------+-----+-------------------+-------------+--------------+
| u0001 | n01   | 123456 | 男  | 34687653@qq.com   | 13896501267 | 天津市河东区 |
| u0002 | n02   | 123456 | 男  | 56256781@qq.com   | 13689772233 | 山东省济南市 |
| u0003 | n03   | 123456 | 女  | 20987122@qq.com   | 18590190717 | 四川省成都市 |
+-------+-------+--------+-----+-------------------+-------------+--------------+
3 rows in set (0.00 sec)

mysql>
```

图3-19 查看user表数据

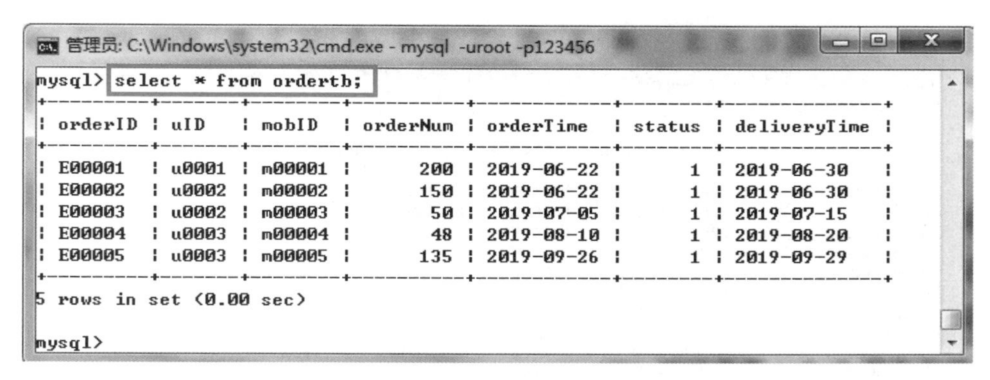

```
管理员: C:\Windows\system32\cmd.exe - mysql -uroot -p123456
mysql> select * from ordertb;
+---------+-------+--------+----------+------------+--------+--------------+
| orderID | uID   | mobID  | orderNum | orderTime  | status | deliveryTime |
+---------+-------+--------+----------+------------+--------+--------------+
| E00001  | u0001 | m00001 |      200 | 2019-06-22 |      1 | 2019-06-30   |
| E00002  | u0002 | m00002 |      150 | 2019-06-22 |      1 | 2019-06-30   |
| E00003  | u0002 | m00003 |       50 | 2019-07-05 |      1 | 2019-07-15   |
| E00004  | u0003 | m00004 |       48 | 2019-08-10 |      1 | 2019-08-20   |
| E00005  | u0003 | m00005 |      135 | 2019-09-26 |      1 | 2019-09-29   |
+---------+-------+--------+----------+------------+--------+--------------+
5 rows in set (0.00 sec)

mysql>
```

图3-20　查看ordertb表数据

第二步：添加新的手机数据。在手机销售管理系统中，添加一款新的手机产品数据至数据库中，参数信息如下。

手机品牌：小米，手机型号：小米8，颜色：灰色，内存大小：128GB，价格：3799，库存数量：500台。SQL语句如下。

```
insert into stock values
('m00011','小米','小米8','灰色','128GB',3799,500);
```

执行上述SQL命令后，使用select命令查看添加结果，如图3-21所示。

```
管理员: C:\Windows\system32\cmd.exe - mysql -uroot -p123456
mysql> select * from stock;
+--------+-------+-------+--------+---------+-------+----------+
| mobID  | brand | model | color  | memSize | price | stockNum |
+--------+-------+-------+--------+---------+-------+----------+
| m00001 | 华为  | P20   | 亮黑色 | 64GB    |  3288 |     2312 |
| m00002 | 华为  | P20   | 亮黑色 | 128GB   |  3488 |     1798 |
| m00003 | 华为  | P20   | 极光色 | 64GB    |  3388 |     2499 |
| m00004 | 华为  | P20   | 极光色 | 128GB   |  3488 |     1133 |
| m00005 | 华为  | P30   | 亮黑色 | 64GB    |  3988 |      580 |
| m00006 | 华为  | P30   | 亮黑色 | 128GB   |  4388 |      400 |
| m00007 | 华为  | P30   | 极光色 | 64GB    |  3988 |      340 |
| m00008 | 华为  | P30   | 极光色 | 128GB   |  4288 |     2010 |
| m00009 | 小米  | 小米8 | 黑色   | 64GB    |  3499 |     1920 |
| m00010 | 小米  | 小米8 | 白色   | 128GB   |  3699 |     2311 |
| m00011 | 小米  | 小米8 | 灰色   | 128GB   |  3799 |      500 |
+--------+-------+-------+--------+---------+-------+----------+
11 rows in set (0.00 sec)

mysql>
```

图3-21　查看stock表数据

第三步：删除手机库存信息。将手机编号为“m00011”的手机信息删除，SQL语句如下。

```
delete from stock where mobID='m00011';
```

执行上述SQL命令后，使用select命令查看删除结果，如图3-22所示。

```
管理员: C:\Windows\system32\cmd.exe - mysql  -uroot -p123456
mysql> select * from stock;
+--------+-------+-------+--------+---------+-------+----------+
| mobID  | brand | model | color  | memSize | price | stockNum |
+--------+-------+-------+--------+---------+-------+----------+
| m00001 | 华为  | P20   | 亮黑色 | 64GB    |  3288 |     2312 |
| m00002 | 华为  | P20   | 亮黑色 | 128GB   |  3488 |     1798 |
| m00003 | 华为  | P20   | 极光色 | 64GB    |  3388 |     2499 |
| m00004 | 华为  | P20   | 极光色 | 128GB   |  3488 |     1133 |
| m00005 | 华为  | P30   | 亮黑色 | 64GB    |  3988 |      580 |
| m00006 | 华为  | P30   | 亮黑色 | 128GB   |  4388 |      400 |
| m00007 | 华为  | P30   | 极光色 | 64GB    |  3988 |      340 |
| m00008 | 华为  | P30   | 极光色 | 128GB   |  4288 |     2010 |
| m00009 | 小米  | 小米8 | 黑色   | 64GB    |  3499 |     1920 |
| m00010 | 小米  | 小米8 | 白色   | 128GB   |  3699 |     2311 |
+--------+-------+-------+--------+---------+-------+----------+
10 rows in set (0.00 sec)

mysql>
```

图3-22　查看stock表数据

第四步：修改手机库存信息。将华为P30，颜色“极光色”，128GB内存的手机库存增加150台，SQL语句如下。

```
update stock set stockNum=stockNum+150
where model='P30' and color='极光色' and memSize='64GB';
```

执行上述SQL命令后，使用select命令查看修改结果，如图3-23所示。

```
管理员: C:\Windows\system32\cmd.exe - mysql  -uroot -p123456
mysql> select * from stock;
+--------+-------+-------+--------+---------+-------+----------+
| mobID  | brand | model | color  | memSize | price | stockNum |
+--------+-------+-------+--------+---------+-------+----------+
| m00001 | 华为  | P20   | 亮黑色 | 64GB    |  3288 |     2312 |
| m00002 | 华为  | P20   | 亮黑色 | 128GB   |  3488 |     1798 |
| m00003 | 华为  | P20   | 极光色 | 64GB    |  3388 |     2499 |
| m00004 | 华为  | P20   | 极光色 | 128GB   |  3488 |     1133 |
| m00005 | 华为  | P30   | 亮黑色 | 64GB    |  3988 |      580 |
| m00006 | 华为  | P30   | 亮黑色 | 128GB   |  4388 |      400 |
| m00007 | 华为  | P30   | 极光色 | 64GB    |  3988 |      490 |
| m00008 | 华为  | P30   | 极光色 | 128GB   |  4288 |     2010 |
| m00009 | 小米  | 小米8 | 黑色   | 64GB    |  3499 |     1920 |
| m00010 | 小米  | 小米8 | 白色   | 128GB   |  3699 |     2311 |
+--------+-------+-------+--------+---------+-------+----------+
10 rows in set (0.00 sec)

mysql>
```

图3-23　查看stock表数据

第五步：查询手机库存信息。查询库存中价格最高的手机库存信息，SQL语句如下。

```
select * from stock
where price=(select max(price) from stock);
```

执行上述SQL命令后，使用select命令查看查询结果，如图3-24所示。

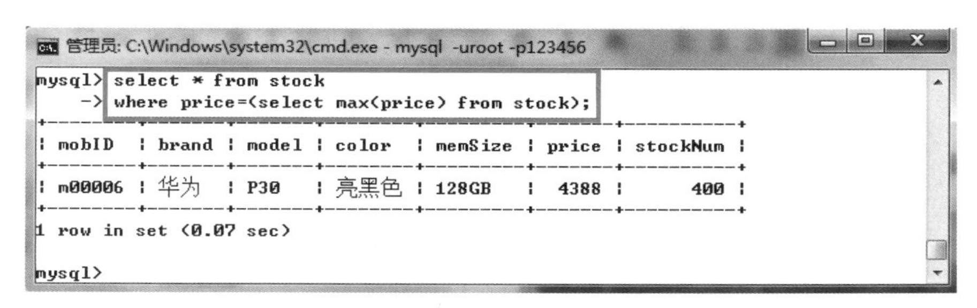

```
mysql> select * from stock
    -> where price=(select max(price) from stock);
+--------+-------+-------+--------+---------+-------+----------+
| mobID  | brand | model | color  | memSize | price | stockNum |
+--------+-------+-------+--------+---------+-------+----------+
| m00006 | 华为  | P30   | 亮黑色 | 128GB   |  4388 |      400 |
+--------+-------+-------+--------+---------+-------+----------+
1 row in set (0.07 sec)

mysql>
```

图3-24　查看查询结果

第六步：查询某个品牌手机的销售情况。查询华为P20手机的销售情况，包括订单编号、手机品牌、型号、颜色、内存大小、订购数量，要求列名显示为中文，SQL语句如下。

```
select o.orderID 订单号,s.brand 品牌 ,s.model 型号,
s.color 颜色,s.memSize 内存大小,o.orderNum 订单数量
from stock as s inner join ordertb as o
on s.mobID=o.mobID
where s.model='P20';
```

执行上述SQL命令后，使用select命令查看查询结果，如图3-25所示。

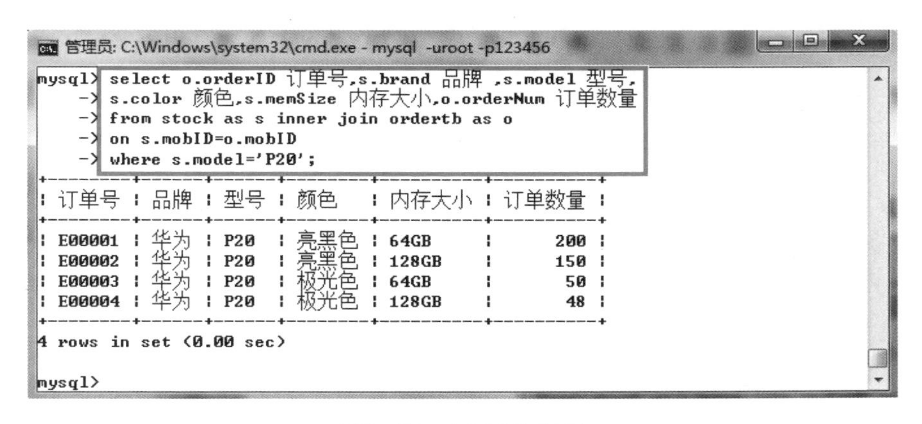

```
mysql> select o.orderID 订单号,s.brand 品牌 ,s.model 型号,
    -> s.color 颜色,s.memSize 内存大小,o.orderNum 订单数量
    -> from stock as s inner join ordertb as o
    -> on s.mobID=o.mobID
    -> where s.model='P20';
+--------+------+------+--------+----------+----------+
| 订单号 | 品牌 | 型号 | 颜色   | 内存大小 | 订单数量 |
+--------+------+------+--------+----------+----------+
| E00001 | 华为 | P20  | 亮黑色 | 64GB     |      200 |
| E00002 | 华为 | P20  | 亮黑色 | 128GB    |      150 |
| E00003 | 华为 | P20  | 极光色 | 64GB     |       50 |
| E00004 | 华为 | P20  | 极光色 | 128GB    |       48 |
+--------+------+------+--------+----------+----------+
4 rows in set (0.00 sec)

mysql>
```

图3-25　查看查询结果

1．select基本查询

MySQL中的数据表拥有大量的数据记录后，除了对数据表能够完成数据更新操作外，还需要重点考虑如何在数据表中查询需要的数据。查询数据的操作可以通过select语句来完成。使用select语句不但可以从数据库中精确地查询信息，而且可以模糊地查找带有某项特征的数据。其语法格式如下：

```
select [all|distinct] 要查询的内容
from 表名列表
[where 条件]
[group by 字段列表 [having 分组条件]]
[order by 字段列表 [asc|desc]]
[limit [offset,] n];
```

参数说明:

select 要查询的内容：“要查询的内容”可以是一个字段、多个字段、表达式或函数。若是要查询部分字段，需要将各字段的名称用逗号分隔开，各字段名称在select子句中的顺序决定了它们在结果中显示的顺序。用“*”表示返回所有字段。

all|distinct：用来标识在查询结果中对相同行的处理方式，默认值为all，表示返回查询结果中的所有行，包括重复行。distinct表示若查询结果中有相同的行，则只显示一行。

from 表名列表：用于指定查询的数据表的名称以及它们之间的逻辑关系。

where 条件：用于按指定条件进行查询。

group by 字段列表：用于指定将查询结果根据什么字段进行分组。

having 分组条件：用于指定分组的过滤条件，选择满足条件的分组记录。

order by 字段列表 [asc|desc]：用于指定查询结果的排序方式，默认为升序。asc用于表示按指定的字段升序排列，desc表示按指定的字段以降序排列。

limit [offset,] n：用于限制查询结果的数量。limit后面可以跟两个参数，第一个参数“offset”表示偏移量，如果偏移量为0，则从查询结果的第一条记录开始显示，如果偏移量为1，则从查询结果的第二条记录开始显示……以此类推。offset为可选值，如果不指定具体的值，则其默认值为0。第二个参数“n”表示返回的查询记录的条数。

注意：语法结构中，select语句共有6个子句，其中select和from子句为必选子句，而where、group by、order by和limit子句为可选子句，having子句与group by子句联合使用，不能单独使用。

select子句既可以实现数据的简单查询、结果的统计查询，也可以实现多表查询。

2．聚合函数

聚合函数用于对查询结果中的指定字段进行统计并输出统计值。常用的聚合函数有count、sum、avg、max、min等。

（1）count函数

聚合函数中最常用的是count函数，用于统计表中满足条件的行数或总行数。返回select

语句查询到的行中非NULL值的项目，若找不到匹配的行，则返回0。其语法格式如下：

```
count(all|distinct 表达式|*);
```

参数说明：

表达式：可以是常量、字段名、函数。

all|distinct：all表示对所有值进行运算，distinct表示去除重复值，默认为all。

count(*)：使用count(*)函数时将返回检索行的总数目，不论其是否包含NULL值。

（2）max和min函数

max和min函数分别用于统计表中满足条件的所有值项的最大值和最小值。当给定的列上只有空值或者检索出的中间结果为空时，max和min函数的值也为空。其语法格式如下：

```
max/min(all|distinct 表达式);
```

（3）sum和avg函数

sum和avg函数分别用于统计表中满足条件的所有值项的总和与平均值，其数据类型只能是数值型数据。其语法格式如下：

```
sum/avg(all|distinct 表达式);
```

任务4 创建索引

任务描述

在对数据库进行查询之后，发现数据比较多时的查询速度比较慢，这时就需要创建索引。本任务是使用SQL语句创建索引，思路如下：

创建普通索引，索引名为idx_uid。

扫码看视频

任务实施

在ordertb表中的会员编号列上创建普通索引，索引名为idx_uid，代码如下。

```
alter table ordertb add index idx_uID (uID);
```

执行上述命令后，可使用“show create table”语句来查看表的结构以及索引的定义信息，如图3-26所示。

```
管理员: C:\Windows\system32\cmd.exe - mysql -uroot -p123456
mysql> show create table ordertb\G
*************************** 1. row ***************************
       Table: ordertb
Create Table: CREATE TABLE `ordertb` (
  `orderID` varchar(10) COLLATE utf8_bin NOT NULL,
  `uID` varchar(10) COLLATE utf8_bin NOT NULL,
  `mobID` varchar(50) COLLATE utf8_bin NOT NULL,
  `orderNum` int(11) NOT NULL,
  `orderTime` date NOT NULL,
  `status` tinyint(1) DEFAULT NULL,
  `deliveryTime` date DEFAULT NULL,
  PRIMARY KEY (`orderID`),
  KEY `idx_uID` (`uID`)
) ENGINE=InnoDB DEFAULT CHARSET=utf8 COLLATE=utf8_bin
1 row in set (0.03 sec)

mysql>
```

图3-26　查看索引的定义信息

说明：\G的作用和MySQL中的分号“;”是一样；是将查找到的内容结构旋转90°，变成纵向结构。

1．索引概述

索引带来的检索速度的提高是有代价的，因为索引要占用存储空间，而且为了维护索引的有效性，向表中插入数据或者更新数据时，数据库还要执行额外的操作来维护索引。

如果把数据表看成一本书，则表的索引就如同书的目录一样，可以大大提高查询速度，改善数据库的性能。其具体表现如下：

1）可以加快数据的检索速度。

2）可以加快表与表之间的连接。

3）在使用ORDER BY和GROUP BY子句进行数据检索时，可以显著减少查询中分组和排序的时间。

4）唯一性索引可以保证数据记录的唯一性。

索引的分类

在MySQL中的索引有很多种，主要分类如下。

1）普通索引（index）：普通索引是最基本的索引类型，允许在定义索引的字段中插入重复值或空值。创建普通索引的关键字是index。

2）唯一索引（unique）：唯一索引指索引字段的值必须唯一，但允许有空值。如果是在多个字段上建立的组合索引，则字段的组合必须唯一。创建唯一索引的关键字是unique。

3）全文索引（fulltext）：全文索引指在定义索引的字段上支持值的全文查找。该索引类型允许在索引字段上插入重复值和空值，它只能在char、varchar或text类型的字段上创建。

4）多列索引：多列索引指在表中多个字段上创建的索引。只有在查询条件中使用了这些字段中的第一个字段时，该索引才会被使用。例如，在学生表的“学号”“姓名”和“专业”字段上创建一个多列索引，那么只有在查询条件中使用了“学号”字段时，该索引才会被使用。

2. 创建索引

在MySQL中，对索引的操作主要通过以下方式进行。

创建表的同时创建索引

用create table命令创建表的时候就创建索引，此方式简单、方便。其语法格式如下：

```
create table 表名
(
字段名 数据类型[约束条件],
字段名 数据类型[约束条件],
……
[unique][fulltext] index|key [别名](字段名[长度] [asc|desc])
);
```

参数说明：

如果不加可选项参数unique或fulltext则默认表示创建普通索引。

unique：表示创建唯一索引，在索引字段中不能有相同的值存在。

fulltext：表示创建全文索引。

index|key：用来表示字段的索引，二者选一即可。

[别名] (字段名 [长度])：指需要创建索引的字段。

asc|desc：表示创建索引时的排序方式。其中asc表示升序排列，desc表示降序排列。默认为升序排列。

3. 删除索引

在MySQL中，如果某些索引降低了数据库的性能或者根本没有必要继续使用该索引，可以将索引删除。其语法格式如下：

```
drop index 索引名 on 表名;
```

拓展任务

通过本项目的学习，能够根据表结构创建数据库及插入数据，掌握对数据表进行添加数据、查询数据、修改数据、删除数据的操作方法。任务思路如下：

1）建立学生数据库stu；

2）建立课程数据表tclass、学生信息表tstudent；

3）在数据表tclass、tstudent中添加、修改、查询和删除数据。

（1）tclass表结构（见表3-10）

表3-10　tclass表结构

cno	cname	credit
char(20) primary key	varchar(50)	int

（2）tstudent表结构（见表3-11）

表3-11　tstudent表结构

sno	sname	ssex	sage	sclass	sdept
char (20) primary key	varchar(50)	char(2)	int	varchar(50)	varchar(50)

（3）tclass表记录（见表3-12）

表3-12　tclass表记录

cno	cname	credit
1	Python程序设计	3
2	数据分析	3
3	Linux系统管理	3

（4）tstudent表记录（见表3-13）

表3-13 tstudent表记录

sno	sname	ssex	sage	sclass	sdept
01	张林	男	20	17计应331	信息工程
02	王广锡	男	20	17电商331	信息工各
03	成诺	女	20	17电子661	电气工程

项目总体评价

通过学习本项目，检查自己是否掌握了以下技能，在技能检测表中标出已掌握的技能。

评价标准	个人评价	小组评价	教师评价
能够对免安装的数据库进行下载和配置			
能够根据数据结构创建数据库表			
能够在数据表中插入测试数据			
能够使用select进行数据库查询			
能够对数据库表创建索引			

备注：A为能做到，B为基本能做到，C为部分能做到，D为基本做不到。

练习题

一、选择题

1．数据查询语句select由多个子句构成，（　　）子句能够将查询结果按照指定字段的值进行分组。

A．order by　　B．limit

C．group by　　D．distinct

2．在查询中，where子句用于指定（　　）。

A．查询结果的分组条件　　B．查询结果的统计方式

C．查询结果的排序条件　　D．查询结果的搜索条件

3．在学生管理数据库中，查询所有姓“王”的学生信息，可使用（　　）命令。

A．select * from student where name like '王%';

B．select * from student where name='王_';

C．select * from student where name like '%王';

D．select * from student where name in '王%';

4．在查询时，要在成绩表score中查询成绩在80～90分之间（含两端点）的成绩信息，可使用（　　）命令。

A．select * from score where result between 80 or 90;

B．select * from score where result between 80 and 90;

C．select * from score where result >=80 or result<=90;

D．select * from score where 80<=result<=90;

5．执行SQL语句“select stuNo,name from student limit 2,2;”，查询结果将（　　）。

A．返回两行数据，分别是第1行和第2行数据

B．返回两行数据，分别是第2行和第3行数据

C．返回两行数据，分别是第3行和第4行数据

D．返回两行数据，分别是第4行和第5行数据

6．为了使索引键的值在基本表中唯一，在创建索引的语句中应使用保留字（　　）。

A．unique　　B．count　　C．union　　D．distinct

7．执行“create fulltext index stu_name on tb_student(name);”语句，表示创建一个（　　）。

A．唯一性索引　　B．全文索引

C．普通索引　　D．多列索引

8．下列选项中，关于视图的叙述正确的是（　　）。

A．视图是一张虚表，所有的视图中不含有数据

B．不允许用户使用视图修改表中的数据

C．视图只能访问所属数据库的表，不能访问其他数据库的表

D．视图既可以通过表得到，也可以通过其他视图得到

二、填空题

1．在查询中，如果要将查询结果进行排序，应使用__________子句，其中__________关键字表升序，__________关键字表降序。

2．在查询中可使用聚合函数，用__________来求指定字段的最大值，__________来求指定字段的最小值，__________来求指定字段的平均值，__________来求指定字段的总和。

3．MySQL支持模糊查询，模糊查询使用的关键字是__________命令，__________通配符表示单个字符，__________通配符表示任意字符。

4．在MySQL数据库中，在查询条件中，可以使用逻辑运算符，常用的逻辑运算符有非、与、或，可以用not或__________来表示非运算，可以用and或__________来表示与运算，可以用or或__________来表示或运算。

5．在查询时，如果要将两个查询结果连接起来，并且去除相同的记录，可使用__________关键字。

6．在创建索引时，如果创建索引的字段是多个，则称这类索引为__________索引。

7．如果要删除一个名为stu_no的索引，应使用________________________。

Project 4

制作慕课网首页

项目情境

经理：小张，咱们公司需要制作一个网页并实现交互。

小张：布局之类的有什么要求？

经理：大概的布局和慕课网的类似。

小张：是用HTML+CSS实现吗？

经理：对，使用这个实现基本的布局，之后需要使用JavaScript实现轮播图的制作。

小张：好的，没问题。

经理：据我了解，你的JavaScript基础比较薄弱，好好学一下。

小张：好的，保证完成任务。

小张和经理谈完话后，开始对慕课网站首页进行分析，并通过分析得出需要使用的HTML标签和CSS样式，实现慕课网界面的制作。

学习目标

【知识目标】

- 了解HTML的结构
- 掌握HTML常用标签
- 掌握HTML表单属性
- 掌握HTML表格标签
- 掌握CSS文本属性

- 掌握CSS背景属性
- 掌握CSS盒子模型
- 掌握CSS定位
- 了解JavaScript的概念
- 掌握JavaScript的用法
- 了解jQuery

【技能目标】

- 能够分析网站的布局
- 能够根据网站的布局设计界面
- 能够根据网站布局制作界面
- 能够使用CSS设置布局
- 能够使用JavaScript进行交互

任务1 分析慕课网首页

素养提升

“无规矩不成方圆”用以形容没有规矩，就不会有规整的方圆，是《孟子》中的一句话，用于说明虽然拥有离娄的眼睛、公输般的精巧，但不凭规和矩，还是画不成方圆的。在制作网页时，同样需要遵循一定的规矩，也就是网页设计标准。同样的，不管做什么事情，都要遵循一定的规矩、规则和程序，遵纪守法、遵守相应的公共规章制度。

任务描述

在日常生活中，无论是手机端还是PC端，看到的界面都可以由网页技术实现，其中，HTML+CSS实现了网页的制作，JavaScript实现了网站的交互。小张想实现慕课网首页的制作，首先需要了解慕课网首页的布局及使用的相关HTML标签。分析慕课网布局的思路如下：

1）打开慕课网首页。

2）分析慕课网的首页布局。

3）确定慕课网使用的HTML标签。

扫码看视频

任务步骤

第一步：打开慕课网首页，如图4-1所示。

图4-1　慕课网首页整体效果图

第二步：分析慕课网的头部部分。头部可以分为4个部分，分别是Logo、导航、搜索框、登录和注册入口，如图4-2所示。

图4-2　头部结构

其中：

1）Logo部分可以用<img>标签引入图片。

2）导航部分可以用列表形式表示，建议使用<ul>标签和<li>标签。也可以使用<ol>标签。

3）搜索框可以使用<input>标签中type="text"，发现搜索框中有“前端小白　Java入门”内容，可以用placehold属性或者直接使用<a>标签创建搜索提示。

4）搜索图标可以用img表示。

5）登录和注册入口可以使用无序列表制作。

第三步：分析慕课网的中间部分。中间部分又分为上下两部分，其中上面部分包括切换菜单和轮播图，下面部分是进入一些课程方向的快捷方式。中间部分如图4-3所示。

图4-3　中间部分

单击左边的切换菜单，会弹出相关方向的分类目录，如图4-4所示。

图4-4　中间部分的分类目录

其中：

1）轮播图可以使用<img>标签引入对应的图片内容，之后通过JavaScript实现。

2）轮播图的切换按钮可以通过<a>标签实现。

3）轮播图左侧的切换菜单可以使用列表编写。

4）切换菜单的分类目录中的标题可以使用<h4>标签，分类目录内容可以使用无序列表标签。文字部分可以使用<span>标签。

5）轮播图下方的图片可以使用<img>标签。

第四步：分析慕课网的尾部部分。尾部部分是由几个应用的图标组成，如图4-5所示。可以通过<a>标签和<img>标签实现。

图4-5 尾部部分

知识储备

1．网页概述

（1）网页标准

网页标准也称Web标准，它由一系列标准组成，这些标准有些是W3C制定的，有些是ECMA的ECMAScript标准。WWW（World Wide Web）即全球广域网，也称为万维网，是一种基于超文本和HTTP的、全球性的、动态交互的、跨平台的分布式图形信息系统，是建立在Internet上的一种网络服务，为浏览者在Internet上查找和浏览信息提供了图形化的、易于访问的直观界面，其中的文档及超级链接将Internet上的信息节点组织成一个互为关联的网状结构。Web的本意是爬虫网和网，在网页设计中称为网页。

在符合标准的网页设计中，HTML、CSS和JavaScript并称为网页前端设计的3种基本语言，其中：

1）HTML（Hyper Text Markup Language，超文本标记语言）的作用是在浏览器端组织和显示网页信息（文本、图片、视频等）。

2）CSS（Cascading Style Sheets，层叠样式表）的作用是格式化网页的样式。

3）JavaScript是客户端脚本语言，使网页与用户之间产生动态交互效果，属于网页的行为层。

（2）网页发展

网页发展共分为3个阶段，即Web 1.0（共享）、Web 2.0（交互）和Web 3.0（聚合）。

1）Web 1.0——只读的互联网时代。

HTML的出现推动了家用计算机的普及；Web 1.0以技术创新为主导，注重用户自主单击浏览；通过门户整合，以用户流量为主，以网页制作为主；大多是静态页面，也有动态页面。

2）Web 2.0——交互的互联网时代。

Web 2.0更注重用户的交互作用，用户既是浏览者，也是内容的制造者，在模式上由单纯的“读”向“写”以及共同建设发展。

3）Web 3.0——聚合的互联网时代。

Web 3.0是一个正在尝试的概念，用户拥有自己的数据并能在不同平台交互共享；强化虚拟货币及网络安全和网络财富的共识；实现语义化。

从Web 1.0到Web 2.0，再到现在的Web 3.0，Web前端的编程技术发展成为基于浏览器端的Web App应用，以浏览器为载体去实现类似桌面客户端软件那样的用户体验效果。

（3）网页内容的种类

根据网页内容获取方式的不同可以将网页分为两种，分别是静态网页和动态网页。

1）静态网页：静态网页是每个网页都有固定的网址，网址后面是普通的格式，扩展名一般为html、htm、shtml等，不包含“？”等格式的内容。静态网页发布到网上后，每个静态网页都会存储到服务器上。

静态网页相对稳定，方便搜索引擎搜索，但在使用过程中也存在一些弊端，比如，不支持数据库、网站创建和维护所需工作量比较大、交互性比较差、在功能方面有很大的限制等。

2）动态网页：动态网页是相对静态网页来说的，指使用动态网络技术生成的网页，动态网页的扩展名不仅是静态文件常见的形式，通常在动态网址之后还包含“?”符号。在使用动态网页的过程中，因其基于数据库技术，可以大大减少网站维护的工作量，采用动态技术的网页可以实现更多的功能，比如，用户登录注册、在线管理等。

在动态网页中，搜索引擎在搜索时存在某些问题。搜索引擎通常不可能访问网站数据库中的所有网页，或者由于技术原因，无法获得网址中“？”符号之后的内容，所以网站使用动态网页时需要做一定的技术处理，以适应搜索引擎的要求。

2．HTML基础

HTML是表示网页的一种规范（或者是一种标准），在HTML中，通过标签可以定义网页内容的显示格式，在文本文件的基础上增加了一系列描述文本格式、颜色等的标签，同时再添加声音、动画或视频等效果，可以形成精彩的画面。

（1）HTML文档的基本结构

每门语言都有自己特定的格式和规范。HTML文档的基本结构如下：

```
<html>
<head>
        <meta charset="utf-8">
<title>无标题文档</title>
```

```
</head>
        <body>
        </body>
</html>
```

HTML文档结构中包括下面3个部分：

1）<html>和</html>分别表示文档的开始和结束，用于告知浏览器其自身是一个HTML文档。

2）<head></head>为头部标签，用于定义HTML文档的头部信息，紧跟在<html>标签后，里面包括的内容有<title><meta><link>和<style>等。

3）<body></body>为主体标签，用于定义HTML文档所要显示的内容，在浏览器中看到的图片、音频、视频、文本等都位于<body>内。该标签中的内容是展示给用户看的。

（2）HTML语法

在HTML中，包含标签、元素、块级元素、内联元素及属性等，语法结构如图4-6所示，其中：

1）标签：用尖括号包围的关键词称为标签。

2）元素：匹配的标签对以及它们包围的内容称为元素。

3）块级元素：在浏览器默认显示时以新的行来开始（结束）的元素。

4）内联元素：在浏览器默认显示时在同一行按从左至右的顺序显示、不单独占一行的元素，又称为行内元素。

5）属性：开始标签中那些以名称/值对的形式出现的内容称为属性。

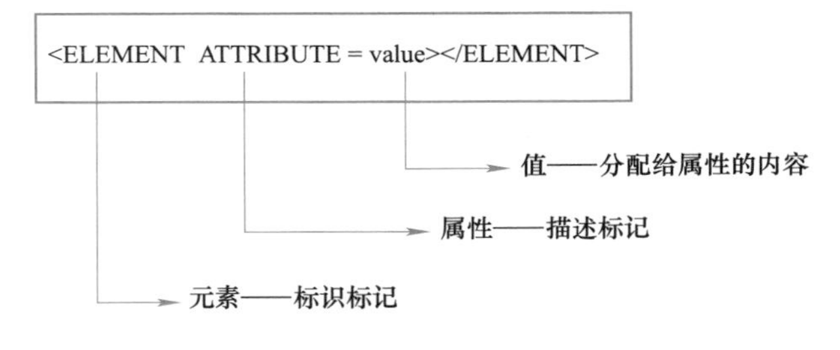

图4-6　语法结构

（3）HTML常用标签

在HTML中，常用的标签见表4-1。

表4-1　常用标签

标签	描述
<p>	定义段落，<p>标签不仅能使后面的文字换到下一行，还可以使两段之间多一行空行
<pre>	可定义预格式化的文本。被包围在pre元素中的文本通常会保留空格和换行符，而文本也会呈现为等宽字体
<hr>	在HTML页面中创建一条水平线
<hn>	用于设置网页中的标题文字；n可以取1～6的整数值，取1时文字最大，取6时文字最小
<b>	定义粗体文本
<big>	定义大号字，HTML5不再支持
<i>	定义斜体字
<small>	定义小号字
<sub>	定义下标字
<sup>	定义上标字
<tt>	定义呈现类似打字机或者等宽的文本效果，HTML5不再支持
<s>	<strike>标签的缩写版本,不赞成使用，使用<del>代替
<ol>	order list缩写，定义有序列表
<ul>	unorder list缩写，定义无序列表
<li>	list item缩写，定义列表项
<dl>	definition list缩写，定义自定义列表
<dt>	definition term缩写，自定义列表项目
<dd>	definition description缩写，定义自定义的描述
<a>	超链接标签，用于从一个页面链接到另一个页面。<a>元素最重要的属性是href属性，它指示链接的目标
<img>	向网页中嵌入一幅图像，在页面上显示图像

（4）表格

表格是由行和列组成的结构化数据集（表格数据），通过在行和列的标题之间进行视觉关联的方法，让信息能够很简单地被解读出来。

每个表格均有若干行，每行被分割为若干单元格。数据单元格可以包含文本、图片、列表、段落、表单、水平线、表格等。表格的基本结构如图4-7所示。

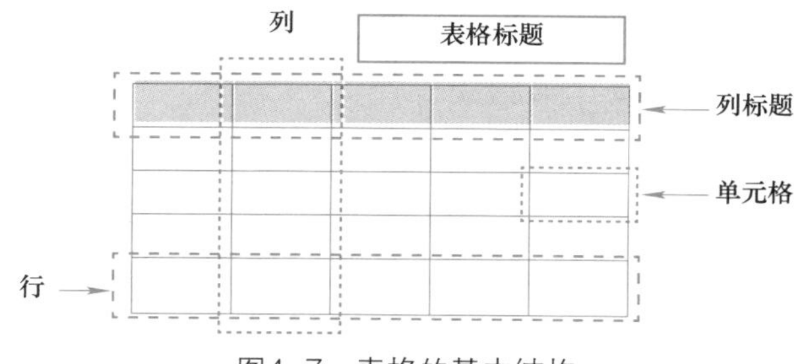

图4-7　表格的基本结构

表格是通过<table><th><tr><td>等标签来完成的，具体标签及描述见表4-2。

表4-2　表格标签

标签	描述
<table>…</table>	定义表格
<thead>…</thead>	定义表格的页眉
<tbody>…</tbody>	定义表格的主体
<tfoot>…</tfoot>	定义表格的页脚
<tr>…</tr>	定义表格的行
<th>…</th>	定义表格的表头
<td>…</td>	定义表格单元
<caption>…</caption>	定义表格标题
<col>	定义用于表格列的属性
<colgroup>…</colgroup>	定义表格列的组

<table>标签定义HTML表格。一个HTML表格包括<table>元素，一个或多个<tr><th>以及<td>元素。<tr>元素定义表格的行，<th>元素定义表头，<td>元素定义表格单元，<table>常用属性见表4-3。

表4-3　<table>常用属性

属性	值	描述
border	pixels	规定表格单元是否拥有边框
cellpadding	pixels	HTML5不支持。规定单元边沿与其内容之间的空白
cellspacing	pixels	HTML5不支持。规定单元格之间的空白
frame	void、above、below、hsides、lhs、rhs、vsides、box、border	HTML5不支持。规定外侧边框的哪个部分是可见的
rules	none、groups、rows、cols、all	HTML5不支持。规定内侧边框的哪个部分是可见的
summary	text	HTML5不支持。规定表格的摘要
width	pixels，%	HTML5不支持。规定表格的宽度

在表格中，可以实现跨多列或跨多行，语法如下。

```
//跨多列的语法
<th colspan=#>   <td colspan=#>
//跨多行的语法
 <th rowspan=#>   <td rowspan=#>
```

（5）框架

框架的作用是把浏览器窗口分割成几个独立的小窗口，每个小窗口可以显示不同页面的内容，这样就可以同时浏览若干个网页。框架分为两种，分别是普通框架和内嵌框架。框架相关的标签见表4-4。

表4-4　框架相关的标签

标签	描述
<frameset>	定义一个框架集，框架集是若干框架的集合，利用框架集可以定义框架结构，实现分割浏览器窗口的功能
<frame>	定义frameset中的一个特定的窗口（框架）
<noframes>	noframes元素可为那些不支持框架的浏览器显示文本。noframes元素位于frameset元素内部
<iframe>	定义内联的子窗口（框架）

说明：

<frameset>标签有一个必需的属性，即rows或cols。

<frame>标签的常用属性见表4-5。

表4-5　<frame>常用属性

属性	值	描述
frameborder	0无边框 1有边框（默认值）	规定是否显示框架周围的边框。出于实用性方面的原因，最好不设置该属性，使用CSS来应用边框样式和颜色
marginheight	pixels	规定框架内容与框架的上方和下方之间的高度，以像素计
marginwidth	pixels	规定框架内容与框架的左侧和右侧之间的高度，以像素计
name	name	规定框架的名称。用于在JavaScript中引用元素或者作为链接的目标
noresize	noresize	规定无法调整框架的大小
scrolling	yes为始终显示滚动条 no为从不显示滚动条 auto为在需要的时候显示滚动条	规定是否在框架中显示滚动条。默认地，如果内容大于框架，就会出现滚动条
src	URL	规定在框架中显示的文档的URL

（6）表单元素

在编写网站的登录注册页面时，表单的应用非常重要，表单的主要作用是收集用户的信息，例如，在一个购物网站上购物，购物之前需要注册一个该网站的账号，用户需要输入自己的个人信息，包括姓名、性别、邮箱、地址等信息。

表单中的按钮标签主要是实现用户信息储存的功能，当用户单击按钮之后其信息会储存到服务器中，然后由服务器将用户信息上传到数据库中或者将相关信息返回到主页面中。

表单的标签为<form></form>标签，表单的5个常用属性分别为：name、method、action、enctype、target对应的语法格式如下。

```
<form name="biaodan" method="get" action="url" enctype="value" target="self"></form>
```

在HTML5中新增加的属性有：autocomplete、novalidate，<form>标签的属性见表4-6。

表4-6　<form>标签属性

属性	描述
name	表单的名称
method	定义表单结果从浏览器传送到服务器的方法，一般有两种方法：get和post
action	用来定义表单处理程序（ASP、CGI等程序）的位置（相对地址或绝对地址）
enctype	设置表单资料的编码方式
target	设置返回信息的显示方式
autocomplete	规定是否启用表单的自动完成功能，有on和off两个值
novalidate	设置了该特性不会在表单提交之前对其进行验证

表单控件通过<input>标签输入元素。输入类型是由类型属性type定义的，基本语法如下。

```
<form>
    <input name="控件名称" type="控件类型"/>
</form>
```

输入元素对应的类型见表4-7。

表4-7　输入元素对应的类型

type取值	取值的含义	屏幕呈现效果
text	文本框	普通文本
password	密码框	••••••••
radio	单选按钮	◉男 ○女
checkbox	复选框	□英语 □数学
button	普通按钮	button
submit	提交按钮	submit
reset	重置按钮	reset
image	图形域	显示为一个图片
hidden	隐藏域。不显示在页面，只将内容传递到服务器中	隐藏字段，不可见
file	文件域	选择文件 未选择文件

在<input>标签中，有些属性需要设置默认的值或者参数，input标签常用的属性见表4-8。

表4-8　input标签常用的属性

属性	值	描述
id	id	规定HTML元素唯一的id。通过JavaScript（HTML DOM）或通过CSS为带有指定id的元素改变或添加样式
name	field_name	定义input元素的名称。用于对提交到服务器后的表单数据进行标识，或者在客户端通过JavaScript引用表单数据。只有设置了name属性的表单元素才能在提交表单时传递它们的值
checked	checked	规定此input元素在首次加载时被选中
		checked属性与<input type="checkbox">或<input type="radio">配合使用
		checked属性也可以在页面加载后通过JavaScript代码进行设置
disabled	disabled	当input元素加载时禁用此元素
		被禁用的input元素既不可用，也不可单击。可以设置disabled属性，直到满足某些其他的条件为止（如选择了一个复选框等）。然后通过JavaScript来删除disabled值，将input元素的值切换为可用
		disabled属性无法与<input type="hidden">一起使用
maxlength	number	规定输入字段中字符的最大长度，以字符个数计
		maxlength属性与<input type="text">或<input type="password">配合使用
size	number_of_char	对于<input type="text">和<input type="password">，size属性定义的是可见的字符数。而对于其他类型，size属性定义的是以像素为单位的输入字段的宽度
src	URL	定义以提交按钮形式显示的图像的URL

任务2　编写慕课网首页

素养提升

中国高飞集团高级钣金工王伟，在肉眼难辨的误差里，手工打造精美弧线，托举中国大飞机翱翔蓝天。这展现的就是“求真务实，精益求精”的工匠精神。在学习上，我们要积极践行工匠精神，只有将知识夯实、精技强能，才能在今后的工作中本领过硬，不出纰漏，工作成果令用户满意。同样地，在使用CSS盒子模型进行网页设计时，仅仅相差1px，布局就会发生很大变化。因此，我们在网页布局操作时，要做到细致、细心、一丝不苟、精益求精。

任务描述

在任务1中分析了慕课首页、学习了HTML与CSS后，本任务将实现慕课网首页的制作，掌握用CSS设置布局、美化界面，掌握HTML相关标签的使用，掌握熟练分析网页结构布局的能力。编写慕课网首页的思路如下：

扫码看视频

1）根据任务1中的分析，编写HTML部分。

2）使用CSS对HTML部分进行美化。

任务步骤

第一步：编写慕课网首页的导航部分，HTML代码如下。

```
<div id="header">
    <!--头部左侧内容-->
    <div class="header-left fl">
        <ul>
            <li>
                <a href="#"><img src="img/uiz1.png"></a>
            </li>
            <li class="margin-l60"><a href="#">实战</a></li>
            <li><a href="#">路径</a></li>
            <li><a href="#">实战</a></li>
            <li><a href="#">猿问</a></li>
            <li><a href="#">手记</a></li>
        </ul>

    </div>
    <!--头部右侧内容-->
    <div class="header-right fr">
        <!--输入框-->
        <div class="search-bar margin-r60 fl position-re">
            <div id="searchOption">
                <a class="search-prompt position-ab" href="#">前端小白</a>
                <a class="search-prompt  position-ab left-70" href="#">Java入门</a>
            </div>
            <input id="searchInput" type="text">
            <a href="#"><img class="search-prompt position-ab top-30 right-0" src="img/uiz4
.png"></a>
        </div>
        <ul class="login-register fl">
            <li><a href="#">登录</a></li>
            <li><a href="#">注册</a></li>
        </ul>
    </div>
</div>
```

设置导航部分样式，CSS核心代码如下。

```
/*页面导航部分*/
.header-left li {
      float: left;
}
.header-left a {
      padding: 0 20px;
      font-size: 16px;
}
/*输入框*/
.search-bar input {
      width: 240px;
      height: 40px;
      border: 0px;
      border-bottom: 1px solid #ccc;
      line-height: 40px;
      font-size: 14px;
      padding-left: 10px;
      background: transparent;
}
.search-prompt {
      font-size: 14px;
      z-index: 3;
}
/*注册，登录样式*/
.login-register li {
      float: left;
}
.login-register a {
      padding-right: 30px;
}
```

导航部分效果如图4-8所示。

图4-8　导航部分效果

第二步：编写中间部分，HTML代码如下。

```
<div id="content" class="main position-re">
        <!--轮播图-->
        <div class="bg-carousel position-ab">
            <!--存放轮播图切换所需的图片-->

            <div id='list' class="pic position-re" style="left: -1200px;">
                <!--
                    当前左边距为0，left=0,
                    当轮播图左切换到left = 0时，马上把left = -3600
                -->
                <img src="img/uiz23.jpg">
                <img src="img/uiz21.jpg">
                <img src="img/uiz22.jpg">
                <!--left = -3600-->
                <img src="img/uiz23.jpg">
                <!--
                    left = -4800
                    当轮播图右切换到left = -4800时，马上把left = -1200
                -->
                <img src="img/uiz21.jpg">
            </div>
        </div>
        <!--轮播图的切换按钮-->
        <div class="pic-module">
            <a id="next" class="prev right-0" href="#">&gt;</a>
            <a id="prev" class="next" href="#">&lt;</a>
        </div>
        <!--轮播图左侧的切换菜单-->
        <div class="menuwrap">
            <ul>
                <li class="menuwrap-option">
                    <a href="#">前端开发<span class="menu-arrow">></span></a>
                    <!--
                        隐藏的div，鼠标移至菜单div显示
                    -->
                    <div class="inner-box img-backg15">
                        <!--分类目录-->
                        <div class="sort-list">
                            <h4 class="title">分类目录</h4>
                            <ul>
                                <li>
```

```
                    <span class="fl">基础 :</span>
                    <div class="tag-box">
                        <a href="#">HTML/CSS</a>/
                        <a href="#">JavaScript</a>/
                        <a href="#">jQuery</a>
                    </div>
                </li>
                <li>
                    <span class="fl">进阶 :</span>
                    <div class="tag-box">
                        <a href="#">Html5</a>/
                        <a href="#">CSS3</a>/
                        <a href="#">Node.js</a>/
                        <a href="#">AngularJS</a>/
                        <a href="#">Bootstrap</a>/
                        <a href="#">React</a>/
                        <a href="#">Sass/Less</a>/
                        <a href="#">Vue.js</a>/
                        <a href="#">WebApp</a>
                    </div>
                </li>
                <li>
                    <span>其他 :</span><a href="#">前端工具</a>
                </li>
            </ul>
        </div>
        <!--课程的推荐-->
        <div class="course-recommend">
            <h4 class="title">分类目录</h4>
            <p class="path-recom">
                <a href="#"><span class="cate-tag">职业路径</span> 前端
小白手册</a>
            </p>
            <p class="path-recom">
                <a href="#"><span class="cate-tag">职业路径</span> HTML5
与CSS3实现动态网页</a>
            </p>
            <p>
                <a href="#"><span class="cate-tag">实战</span> Vue2.0高
级实战-开发移动端音乐App</a>
            </p>
            <p>
```

```
                        <a href="#"><span class="cate-tag">实战</span> Web前后
端漏洞分析与防御</a>
                    </p>
                    <p>
                        <a href="#"><span class="cate-tag">课程</span> 携程C4技术分享
沙龙</a>
                    </p>

                </div>
            </div>
        </li>
        <li class="menuwrap-option">
            <a href="#">后端开发<span class="menu-arrow">></span></a>
            <!--
                隐藏的div，鼠标移至菜单div显示
                内容暂时为空，减少代码量
            -->
            <div class="inner-box img-backg16"></div>
        </li>
        <li class="menuwrap-option">
            <a href="#">移动开发<span class="menu-arrow">></span></a>
            <div class="inner-box img-backg17"></div>
        </li>
        <li class="menuwrap-option">
            <a href="#">数据库<span class="menu-arrow">></span></a>
            <div class="inner-box img-backg18"></div>
        </li>
        <li class="menuwrap-option">
            <a href="#">云计算&大数据<span class="menu-arrow">></span></a>
            <div class="inner-box img-backg19"></div>
        </li>
        <li class="menuwrap-option">
            <a href="#">运维和测试<span class="menu-arrow">></span></a>
            <div class="inner-box img-backg20"></div>
        </li>
        <li class="menuwrap-option">
            <a href="#">UI设计<span class="menu-arrow">></span></a>
            <div class="inner-box img-backg21"></div>
        </li>
    </ul>
</div>
</div>
```

```
<!--轮播图下方的图片-->
<div id="pathBanner" class="path-banner">
    <a href="#"><img src="img/path_1.png"></a>
    <a href="#"><img src="img/path_2.png"></a>
    <a href="#"><img src="img/path_3.png"></a>
    <a href="#"><img src="img/path_4.png"></a>
    <a href="#"><img src="img/path_5.png"></a>
```

CSS核心代码如下。

```
.main {
    margin: 30px auto 0 auto;
    width: 1200px;
    height: 460px;
}
/*底部的轮播图*/
.bg-carousel {
    z-index: -1;
    width: 1200px;
    overflow: hidden;
}
/*存放轮播图所要用的图片*/
.pic {
    height: 460px;
    width: 6000px;
}
.pic img {
    float: left;
}
/*轮播图左右切换按钮*/
.prev,.next {
    position: absolute;
    top: 175px;
    z-index: 100;
    display: inline-block;
    width: 50px;
    height: 80px;
    font-size: 70px;
    line-height: 75px;
    text-align: center;
}
```

中间部分效果如图4-9所示。

图4-9　中间部分效果

第三步：编写尾部部分，HTML代码如下。

```
<div id="footer">
        <!--页面底部的图片-->
        <div class="footer-sns text-c">
            <a class="weibo-img" href="#"></a>
            <a class="wechat-img  position-re" href="#">
                <!--鼠标移至二维码（微信）显示-->
                <span class="footer-sns-weixin-expand position-ab"><img src="img/idx-btm.png"></span>
            </a>
            <a class="tengxun-img" href="#"></a>
            <a class="qq-space-img" href="#"></a>
        </div>
</div>
```

CSS核心代码如下。

```
#footer {
    position: absolute;
    left: 50%;
    bottom: 0;
    margin-left: -600px;
    width: 1200px;
    font-size: 14px;
}
```

尾部部分效果如图4-10所示。

图4-10　尾部部分效果

知识储备

1．CSS简介

（1）CSS3概述

CSS3（Cascading Style Sheet，层叠样式表）是一种不需要编译、可直接由浏览器执行的标记性语言，用于控制页面的布局、文字的大小和颜色、图片位置、列表、表单等样式。CSS3的产生大大简化了编程模型。CSS3样式表的特点如下：

1）表现和内容分离；

2）易于维护和改版；

3）缩减页面代码，提高页面浏览速度；

4）结构清晰，精确控制网页中各元素的位置；

5）更好地控制页面的布局；

6）与脚本语言相结合，从而产生各种动态效果。

（2）CSS3样式规则

CSS3主要是给文字、图片设置样式和布局，CSS3的标准格式如下。

```
选择器{属性1:属性值1；属性2:属性值2}
```

示例代码如下。

```
h1{
    font-size:10px;
    color:#c0c0c0;
}
<div >
    <h1>CSS 3样式规则</h1>
</div>
```

（3）CSS3样式表

在CSS3里可以使用以下4种方法，将样式表的功能添加到网页里。

1）定义标记的style属性，CSS3样式可以写在HTML标签内，用style属性表示，这个方法简便快捷，但是具有局限性，无法通用，该属性的语法格式如下。

```
<标记 style="样式属性:属性值…… ">
```

2）定义内部样式，即将CSS3样式表写在HTML文档内，可以对整个<head>或者整个<body>设置样式，也可以对单个标签设置样式。CSS3的基本语法如下。

```
<style type="text/css">
选择符1{样式属性：属性值；样式属性：属性值}
选择符2{样式属性：属性值；样式属性：属性值}
…….
</style>
```

3）嵌入外部样式表，就是在HTML代码中直接导入样式表的方法，基本语法如下。

```
<style type="text/css">
@import url("外部样式表的文件名称");
</style>
```

该语法格式中import语句后的“;”一定要加上。

4）链接外部样式表，就是把外部的CSS文件链接到HTML中，基本语法如下。

```
<link type="text/css" rel="stylesheet" href="外部样式表的文件名称">
```

2．CSS选择器

要想将CSS样式应用于特定的HTML元素，首先需要找到该目标元素，在CSS中执行这一任务的样式规格部分被称为选择器。

（1）类选择器

类选择器是根据类名来选择，前面以“.”来标志，语法结构如下。

```
.类选择器{/*CSS规则;*/}
```

示例代码如下。

```
. a1{
    color:yellow;
    font-weight:bold;
}
<p class="a1">类选择器</p>
```

（2）标签选择器

一个完整的HTML页面是由很多不同的标签组成的，而标签选择器是决定哪些标签采用相应的CSS样式。示例代码如下。

```
<style type="text/css">
    h1 {
        color: red;
        font-size: 25px;
    }
</style>
```

（3）ID选择器

ID选择器前面以“#”号来标志，根据元素ID来选择元素，具有唯一性，这意味着同一ID在同一文档页面中只能出现一次，ID属性不允许有以空格分隔的词列表，语法结构如下。

```
#ID选择器{/*CSS规则;*/}。
```

示例代码如下。

```
#a2{
color:#99FF66;
font-size:20px;
}
<p id="a2">ID选择器</p>
```

（4）后代选择器

后代选择器也称为包含选择器，用来选择特定元素或元素组的后代，将对父元素的选择放在前面，对子元素的选择放在后面，中间用一个空格分开，语法格式如下。

```
标签 子标签 { /*CSS规则*/ }
```

示例代码如下。

```
li strong {
    font-style: italic;
    font-weight: normal;
  }
```

（5）子选择器

子代选择器与后代选择器的区别在于，子选择器仅是指它的直接后代。而后代选择器是作用于所有后代元素。子选择器是通过“>”进行选择的，语法格式如下。

```
元素 > 子元素 { /*CSS规则*/ }
```

示例代码如下。

```
/*只选择h2元素的子元素strong元素*/
h2 > strong {color:red;}
```

（6）伪类选择器

伪类是指通过元素的基本特征对元素进行分类，而不是通过元素的名字、属性等进行分类。伪类通过冒号“:”来定义，它定义了元素的状态，如单击按下，单击完成等，语法格式如下。

```
标记：伪类名 { /*CSS规则*/ }
```

常用伪类见表4-9。

表4-9 常用伪类

伪类名	描述
link	设置a标记在未被访问前的样式
hover	设置a标记在鼠标悬停时的样式
active	设置a标记在鼠标单击时的样式
visited	设置a标记在被访问后的样式
first-letter	作用于块，设置第一个字符的样式
first-line	作用于块，设置第一个行的样式表
first-child	设置第一个子标记的样式
lang	设置具有lang属性标记的样式

3. CSS字体

在CSS中，使用font相关属性设置字体的样式，常用的font子属性见表4-10。

表4-10 常用的font子属性

属性	属性值	描述
font-size	绝对大小|相对大小|百分数|具体某个值（单位：pt|px|in）	设置字体大小
font-family	宋体，黑体等	设置字体类型
font-weight	normal	设置字体常规格式显示
	lighter	设置字体变细
	bold	设置字体加粗
	bolder	设置字体特粗
font-style	normal	设置字体常规式显示
	italic	设置字体为斜体
	oblique	与italic效果一样

4. CSS文本

文本属性主要用来修饰HTML文件中的文本内容、水平对齐方式以及行间距等。常用文本属性见表4-11。

表4-11　常用文本属性

文本属性	属性值	描述
text-indent	length（常用单位pt）	设置文字的首行缩进距离
line-height	length（常用单位pt）	定义行间距
letter-spacing	length（常用单位px）	定义字符间距
text-decoration	underline	显示下画线
	overline	显示上画线
	line-through	显示删除线
	none	无任何修饰
text-align	left	左对齐
	center	居中对齐
	right	右对齐
	justify	两端对齐
word-break	break-all	允许单词中间换行
	keep-all	不允许单词中间换行
text-transform	uppercase	使所有单词的字母都大写
	lowercase	使所有单词的字母都小写
	capitalize	使每个单词的首字母大写
	none	默认值

5. CSS颜色和背景属性

CSS颜色和背景属性见表4-12。

表4-12　CSS颜色和背景属性

属性	属性值	描述
background-color	颜色值	设定一个元素的背景颜色
background-image	URL（image_file_path）	设定一个元素的背景图像
background-repeat	repeat-x	设置图像横向重复
	repeat-y	设置图像纵向重复
	repeat	设置图像横向及纵向重复
	no-repeat	设置图像不重复
background-position	left	设置图像居左放置
	right	设置图像居右放置
	center	设置图像居中放置
	top	设置图像向上对齐
	bottom	设置图像向下对齐
background-attachment	fixed	随着页面的滚动，背景图片不会移动
	scroll	随着页面的滚动，背景图片将移动

6．盒子模型概念

盒子模型是把HTML页面中的元素看作一个矩形的盒子。盒子模型具备4个属性，即内容（content）、填充（padding）、边框（border）、边界（margin），如图4-11所示。CSS盒子模型就是在网页设计中经常用到的一种思维模型。

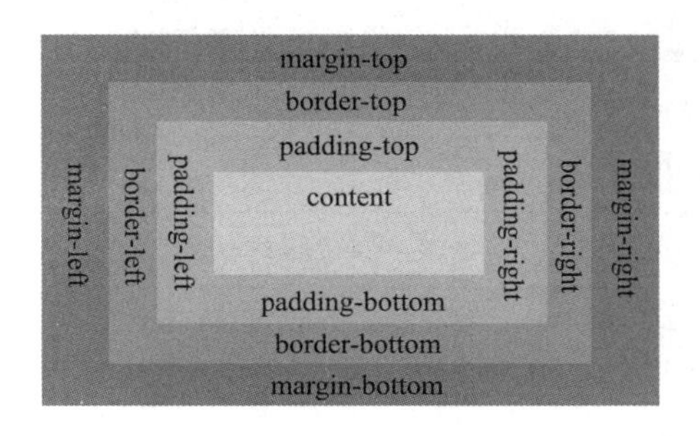

图4-11　盒子模型结构图

（1）margin属性

margin是设置元素边框与相邻元素之间的距离的属性，见表4-13。

表4-13　margin的属性

属性	描述
margin-top	上外边距
margin-right	右外边距
magin-bottom	下外边距
margin-left	左外边距
margin	所有外边距

注意：使用复合属性margin定义外边距时，必须按顺时针顺序采用值复制，1个值时代表4个边距、两个值时代表上下/左右，3个值时代表上/左右/下。

（2）border属性

border是为图像添加边框的属性，border的属性值有3种，分别是边框的粗细程度、边框的样式和边框的颜色，见表4-14。

表4-14　border的属性

属性	描述
border-width	用来设置边框粗细，thin定义细边框，medium定义中等边框，即默认边框，hick定义粗边框
border-style	用来设置元素边框样式，none定义无边框，solid定义实线，double定义双线，双线宽度等于border-width的值
border-color	用来设置边框的颜色

（3）padding属性

padding是设置边框和内部元素之间的距离的属性，见表4-15。

表4-15 padding的属性

属性	描述
padding-top	上内边距
padding-right	右内边距
padding-bottom	下内边距
padding-left	左内边距
padding	所有内边距

7．position定位

position属性一般用于网页中的定位，基本语法如下。

```
position：static | absolute | fixed | relative
```

position常用属性见表4-16。

表4-16 position常用属性

取值	说明	参照物
static	静态定位	默认值。元素出现在正常的流程中（忽略top、bottom、left、right或者z-index声明）
relative	相对定位	自己原来的位置
absolute	绝对定位	已定位的祖先元素 / 浏览器视窗
fixed	固定定位	浏览器视窗（并不是所有的浏览器都支持）

说明：

1）static：元素的位置由元素在HTML中的位置决定，元素框正常生成。块级元素生成一个矩形框作为文档流的一部分，行内元素则会创建一个或多个行框，置于其父元素中。

2）relative：相对定位的元素没有脱离文档流，只是按照left、right、top、bottom值进行了位置的偏移。元素相对定位后仍然在文档流中占据原来的空间。

3）absolute：绝对定位使元素脱离文档流，因此不占据空间。普通文档流中元素的布局就像绝对定位的元素不存在时一样。

4）fixed：类似于absolute（绝对定位），不同的是其定位是相对于视窗。

任务3 设置慕课网首页交互

素养提升

近十年，我国的Web前端开发技术发展迅猛。该项技术在我国的广泛应用及快速发展，离不开我国前端开发工程师们的努力，他们刻苦钻研，不怕困难，不断取得突破。这种拼搏进取的创业精神和踏实勤奋的工作作风很值得学习，这些前辈树起的创新创业旗帜具有巨大的感召力，人们对Web前端技术在我国的应用和发展前景充满信心。

任务描述

使用HTML+CSS实现的网页虽然华丽但是缺少交互，使用JavaScript可以使网页看起来更完整，更生动。本任务是在慕课网首页上使用JavaScript来实现轮播图，定义prev和next为左右切换按钮，list存放所有的图片，实现文本框的单击效果等。实现本任务的思路如下：

1）使用JavaScript实现文本框的单击效果。

2）使用JavaScript实现轮播图效果。

3）设置浏览器加载时调用JavaScript方法。

扫码看视频

任务步骤

第一步：实现文本框的单击效果。实现的流程为文本框得到焦点，文本框的上方文字消失，文本框失去焦点，判断输入内容是否为空，为空时上方文字显示，代码如下。

```
function searchBar() {
    var searchInput = document.getElementById('searchInput'),searchOption = document.
getElementById('searchOption');
    searchInput.onfocus = function() {
        searchOption.style.display = 'none';
    }
    searchInput.onblur = function() {
        if (searchInput.value == '') {
            searchOption.style.display = 'block';
        }
    }
}
```

第二步：编写轮播图实现方法，定义prev、next为左右切换按钮，list存放所有的图片，代码如下。

```
function carousel() {
    var prev = document.getElementById('prev'),
        next = document.getElementById('next'),
        list = document.getElementById('list'),
        content = document.getElementById('content'),
        animited = false,
        time = 300,
        interval = 50,
        newleft = 1,
        speed = 1,
        timers;
    /**
     *执行动画的函数animite
     * offset为轮播图切换的距离
     * offset == 1200表示向左切换
     * offset == -1200表示向右切换
     */
    function animite(offset) {
        newleft = parseInt(list.style.left) + offset;
        speed = offset / (time / interval);
        animited = true;
        /**
         *newLeft为新的左边距,当前左边距+offset(要切换的距离)
         *speed为切换时的速度,图片匀速切换,speed越大图片切换越快
         * animited表示一次只可以切换一张图片,如果当前图片没切换完,单击切换按钮将不起作用
         * 防止用户一直单击左右切换按钮，图片一直切换
         */
        function go() {
            var num = parseInt(list.style.left);
            if ((speed < 0 && num > newleft) || (speed > 0 && num < newleft)) {
                list.style.left = num + speed + 'px';
                setTimeout(go, interval);
            } else {
                animited = false;
                list.style.left = newleft + 'px';
                if (newleft > -1200) {
                    list.style.left = -3600 + 'px';
                }
                if (newleft < -3600) {
                    list.style.left = -1200 + 'px';
                }
            }
        }
```

```
            /**
             * 条件意思为(speed < 0)表示向右切换,(speed > 0)表示向左切换
             * (num > newleft)/(num < newleft)判断是否到达目标位置
             * setTimeout只执行一次,没有到达目标位置时继续使用定时器setTimeout(go, interval)
             *
             * 图片到达位置之后，还会再执行一次else里面的内容
             * animited = false表示单击按钮允许切换
             * 如果发现(newleft > -1200),表示存放的是最后一张图片，把它换到真正的位置上
            * 如果发现(newleft < -3600 ),表示存放的是第一张图片,把它换到真正的位置上
             */
        go();
}
/**js定时器，每隔7秒切换图片
 */
function play() {
        timers = setInterval(function() {
                prev.onclick();
        }, 7000);
}
/**
 * 鼠标移至清除定时器
 */
function stop() {
        clearInterval(timers);
}
/**
 * 左右切换按钮
 */
next.onclick = function() {
        if (!animited)
                animite(1200);
}
prev.onclick = function() {
        if (!animited)
                animite(-1200);
}
/**
 * 鼠标移开表示开启定时器
 * 鼠标移至表示停止定时器
 */
```

```
        content.onmouseout = play;
        content.onmouseover = stop;
        play();
}
/**
 * 轮播图下方的图片
 * 鼠标移至表示向上滑动
 * 鼠标移开表示还原位置
 */
function pathBanner() {
    $('#pathBanner').find('img').each(function() {
        var imageHover = this;
        $(imageHover).mouseover(function() {
            $(imageHover).animate({
                marginTop: "-5px"
            });
        });
        $(imageHover).mouseout(function() {
            $(imageHover).animate({
                marginTop: "0px"
            });
        });
    })
}
```

第三步：设置浏览器加载时调用JavaScript方法，代码如下。

```
window.onload = function() {
    searchBar();
    carousel();
    pathBanner();
}
```

知识储备

1. JavaScript简介

JavaScript是面向Web的编程语言，获得了所有网页浏览器的支持，是目前使用最广泛的脚本编程语言之一，也是网页设计和Web应用必须掌握的基本技能。ECMAScript是

JavaScript的标准，但它并不等同于JavaScript，也不是唯一被标准化的规范。一个完整的JavaScript实现由以下3个不同的部分组成：

1）核心（ECMAScript）：语言核心部分。

2）文档对象模型（Document Object Model，DOM）：网页文档操作标准。

3）浏览器对象模型（BOM）：客户端和浏览器窗口操作基础。

ECMAScript及JavaScript的发展历程见表4-17。

表4-17　ECMAScript及JavaScript的发展历程

年份	发展史
1997年	ECMAScript 1.0发布
1998年6月	ECMAScript 2.0发布
1999年12月	ECMAScript 3.0发布，并成为JavaScript的通用标准，获得广泛支持
2007年10月	ECMAScript 4.0草案发布
2009年12月	ECMAScript 5.0正式发布
2011年6月	ECMAScript 5.1发布，并且成为ISO国际标准（ISO/IEC 16262:2011）
2013年12月	ECMAScript 6.0草案发布
2015年6月	ECMAScript 6.0发布正式版本，并更名为ECMAScript 2015。Mozilla在这个标准的基础上推出了JavaScript 2.0
2016年	ECMAScript 7.0正式发布
2017年	ECMAScript 8.0正式发布

2．JavaScript的基本语法

（1）JavaScript语句和代码块

JavaScript语句是发送给浏览器的命令，JavaScript语句结束时可直接换行，但建议使用“;”。代码块用于在函数或者条件语句中把若干语句组合起来，通常情况下以左花括号开始，右花括号结束。示例代码如下。

```
<script type="text/javascript">
//语句
    document.write("<p>Hello inspur</p>");
    document.write("<p>Hello inspuruptec </p>");
//代码块
var time = new Date().getHours();
if (time>=8 && time<17){
        // 片段1
```

```
        document.write("<b>您好！</b><br/>");
        document.write("<b>当前为工作时间</b><br/>");
        document.write("<b>浪潮欢迎您</b>");
    }else{
        // 片段2
        document.write("<b>很抱歉！</b><br/>");
        document.write("<b>当前为休息时间</b><br/>");
        document.write("<b>请明天再来</b>");
    }
    </script>
```

（2）标识符

标识符是给变量、函数和对象指定的名字，标识符的命名规则如下：

1）JavaScript语言区分大小写，例如，Name与name是不同的标识符。

2）标识符首字符可以是以下画线（_）、美元符($)或者字母，不能是数字。

3）标识符中其他字符可以是下画线（_）、美元符($)、字母或数字组成的。

4）标识符不能是JavaScript中的关键字。

（3）运算符

运算符指的是表示各种不同运算的符号，在JavaScript中，运算符可以分为算术运算符、比较运算符、赋值运算符、逻辑运算符等，其中常见的算术运算符见表4-18。

表4-18　常见的算术运算符

运算符	说明	示例
+	如果操作数都是数字时会执行加法运算；如果操作数中有字符串时，会作为字符串运算符执行连接字符串的功能	A=5+8，结果是13，A="5"+8，结果是"58"
-	减法	A=8 - 5
*	乘法	A=8*5
/	除法	A=20 / 5
%	取余，返回相除之后的余数	10%3=1
++	一元递增。此运算符只计算一个操作数，将操作数的值加1。返回的值取决于++运算符与操作数的先后顺序	++x返回递增后的x值，x++返回递增前的x值
--	一元递减。此运算符只计算一个操作数将操作数的值减1。返回的值取决于--运算符与操作数的先后顺序	--x返回递减后的x值，x--返回递减前的x值
-	一元求反。此运算符返回操作数的相反数	a等于5，则-a=-5

比较运算符见表4-19。

表4-19　比较运算符

运算符	说明	示例
==	等于。如果两个操作数相等，则返回True	a==b
!=	不等于。如果两个操作数不相等，则返回True	var2 !=5
>	大于。如果左操作数大于右操作数，则返回True	var1>var2
>=	大于或等于。如果左操作数大于或等于右操作数，则返回True	var1>= 5 var1>=var2
<	小于。如果左操作数小于右操作数，则返回True	var2<var1
<=	小于或等于。如果左操作数小于或等于右操作数，则返回True	var2<=4 var2<=var1

赋值运算符见表4-20。

表4-20　赋值运算符

运算符	描述	例子
=	简单赋值运算符，将右边操作数的值赋给左边操作数	C=A+B将A+B的值赋给C
+=	加等赋值运算符，将右边操作数与左边操作数相加并将运算结果赋给左边操作数	C+=A相当于C=C+A
-=	减等赋值运算符，将左边操作数减去右边操作数并将运算结果赋给左边操作数	C-=A相当于C=C-A
*=	乘等赋值运算符，将右边操作数乘以左边操作数并将运算结果赋给左边操作数	C *=A相当于C=C * A
/=	除等赋值运算符，将左边操作数除以右边操作数并将运算结果赋值给左边操作数	C /=A相当于C=C / A
%=	模等赋值运算符，用两个操作数做取模运算并将运算结果赋值给左边操作数	C%=A相当于C=C % A

逻辑运算符见表4-21。

表4-21　逻辑运算符

运算符	说明	例子
&&	逻辑与，左操作数与右操作数同为True时，返回True	expr1 && expr2
||	逻辑或，左操作数与右操作数有一个为True时，返回True	expr1 || expr2
!	逻辑非，操作数为True时返回False，否则返回True	!expr

（4）流程控制语句

根据作用的不同，流程控制语句分为以下3种：

1）选择语句：if…else语句，if…else if…else语句，switch…case语句。

2）迭代语句：for语句，while语句，do…while语句。

3）跳转语句：break语句，continue语句，return语句。

（5）JavaScript函数

1）内置函数。

① eval函数：用于计算字符串表达式的值。

② isNaN函数：用于验证参数是否为NaN（非数字）。

2）定义函数，语法如下。

```
funciton 函数名（参数1，参数2，…）
{
语句;
}
```

3）调用函数：函数调用一般和表单元素的事件一起使用，调用格式为：事件名="函数名"。

3．JavaScript核心对象

JavaScript核心对象包含String对象、Math对象、Date对象、Array对象等。

（1）String对象

String对象用于处理字符串，创建String对象的语法如下。

```
var myString="Hello inspur!";
var myString=new String("Hello inspur!");
```

说明：当String和运算符new一起作为构造函数使用时，它返回一个新创建的String 对象，存放的是字符串"Hello inspur!"。

当不用new运算符调用String( )时，它只把"Hello inspur!"转换成原始的字符串，并返回转换后的值。

常用的String对象方法见表4-22。

表4-22 常用的String对象方法

方法	描述
charAt（ ）	返回指定位置的字符
indexOf（ ）	返回某个指定的字符串值在字符串中首次出现的位置。指定字符串在字符串中不存在时返回-1
replace（oleStr,newStr）	在字符串中用一些字符替换另一些字符语法
toLocaleLowerCase（ ）	把字符串转换为小写
substring（start,stop）	提取字符串中介于两个指定下标之间的字符,该方法返回的子串包括start处的字符，但不包括stop处的字符

（2）Math对象

Math对象用于执行数学任务，使用Math对象的属性和方法的语法如下。

```
var pi_value=Math.PI;
var sqrt_value=Math.sqrt(15);
```

说明：Math对象与Date和String对象不同，因此没有构造函数Math( )。

（3）Date对象

Date对象用于处理日期和时间，使用Date对象的语法如下。

```
var myDate=new Date()
```

示例代码如下。

```
var now = new Date();
document.write("<p>当前年份:"+now.getFullYear()+"</p>");
document.write("<p>当前月份:"+now.getMonth()+"</p>");
document.write("<p>当前日期:"+now.getDate()+"</p>");
document.write("<p>今天星期:"+now.getYear()+"</p>");
document.write("<p>当前完整时间:"+now+"</p>");
```

（4）Array对象

Array对象用于在单个变量中存储多个值，语法如下。

```
new Array();
new Array(size);
new Array(element0, element1, ..., elementn);
```

说明：

1）第一种方式创建了一个数组对象。

2）第二种方式规定了数组对象的大小。

3）第三种方式在声明数组对象的同时，为数组对象增加了元素。

Array对象常用方法见表4-23。

表4-23　Array对象常用方法

方法	描述
concat ( )	连接两个或多个数组
join ( )	把数组中的所有元素放入一个字符串
sort ( )	对数组的元素进行排序
toString ( )	把数组转换为字符串并返回结果

4．jQuery简介与运用

（1）jQuery简介

jQuery是一个简洁而快速的JavaScript库，可用于简化事件处理、HTML文档遍历、Ajax交互和动画，以便快速开发网站。jQuery简化了HTML的客户端脚本，从而简化了Web 2.0应用程序的开发。jQuery的特点如下：

1）jQuery是一个轻量级JavaScript库。

2）兼容各种浏览器（IE 6.0+，FF 1.5+，Safari 2.0+，Opera 9.0+）。

3）支持方法连写链式编程，实现了同一函数的set和get方法，能将JavaScript代码和HTML代码完全分离，便于代码维护和修改。

4）使用户能更方便地处理HTML文档、事件、实现动画效果，并且方便地为网站提供Ajax交互。

5）容易扩展，插件丰富。

（2）jQuery选择器

jQuery元素选择器和属性选择器允许通过标签名、属性名或内容对HTML元素进行选择。

选择器允许对HTML元素组或单个元素进行操作。常用的选择器见表4-24。

表4-24　常用的选择器

选择器示例	描述
$(this)	当前HTML元素
$("p")	所有<p>元素
$("p.intro")	所有class="intro"的<p>元素
$(".intro")	所有class="intro"的元素
$("#intro")	id="intro"的元素
$("ul li:first")	每个<ul>的第一个<li>元素
$("[href$='.jpg']")	所有以".jpg"结尾的属性值的href属性
$("div#intro .head")	id="intro"的<div>元素中的所有class="head"的元素

（3）jQuery DOM操作

jQuery中的DOM操作主要包括：建（新建）、增（添加）、删（删除）、改（修改）、查（查找）等，常用的操作见表4-25。

表4-25 jQuery DOM常用的操作

命令	描述
$("img").attr("src","test.jpg")	属性操作
$("p").addClass("selected")	样式操作
$("p").html("val")	设置和获取HTML代码
$("p").text("val")	设置和获取文本
$("input").val("val")	设置和获取值
$("p").find("a")	查找操作
$("p").remove()	删除操作
$("p").appendTo("div")	插入操作
$("b").clone().prependTo("p")	复制操作

拓展任务

学习网页布局后，使用HTML+CSS+JavaScript实现浪潮集团官网的制作。任务思路如下：

1）分析浪潮集团官网。

2）使用HTML+CSS制作界面。

3）使用JavaScript进行界面交互。

项目总体评价

通过学习本项目，检查自己是否掌握了以下技能，在技能检测表中标出已掌握的技能。

评价标准	个人评价	小组评价	教师评价
能够分析慕课网首页			
能够使用HTML+CSS制作慕课网首页界面			
能够使用JavaScript设置慕课网首页交互			

备注：A为能做到，B为基本能做到，C为部分能做到，D为基本做不到。

练习题

一、填空题

1．WWW（World Wide Web）即_________，也称为_________。

2．根据网页内容获取方式的不同可以将网页分为两种，分别是_________和_________。

3．表格是由_________和_________组成的结构化数据集。

4．_________是把HTML页面中的元素看作是一个矩形的盒子。

5．JavaScript核心对象包含___________对象、___________对象、___________对象、_________对象等。

二、选择题

1．网页发展共分为（　　）个阶段。

A．1　　B．2　　C．3　　D．4

2．以下不属于CSS3样式表特点的是（　　）。

A．表现和内容分离　　B．更好地控制页面的布局

C．精确地控制网页中各元素的位置　　D．不能与脚本语言结合

3．CSS选择器不包括（　　）。

A．类选择器　　B．子选择器　　C．父选择器　　D．后代选择器

4．盒子模型所具备的属性有（　　）个。

A．1　　B．2　　C．3　　D．4

5．一个完整的JavaScript实现由（　　）个不同的部分组成。

A．1　　B．2　　C．3　　D．4

Project 5

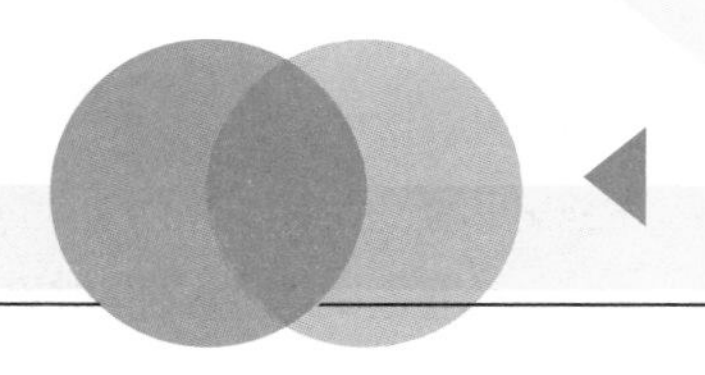

项目 5 抽取网页数据

项目情境

经理：小张，数据采集中提取拆分相关的技术你了解吗，要准备爬取网站上的数据了。

小张：提取拆分有多种技术，比如，XPath、Beautiful Soup、正则表达式等，不知道您说的是哪个？

经理：根据项目需求，需要使用XPath提取网页数据，使用正则表达式拆分网页数据。

小张：我只知道基本语法，如果需要，我认真学习一下，完成该任务吧。

经理：期待你完成任务。

小张和经理谈完后进入了学习和调研阶段，经过查阅资料和学习，了解到使用XPath提取网页数据，正则表达式拆分网页数据都需要Python的基础环境而且使用XPath和正则表达式提取、拆分数据能够方便以后的数据爬取分析。于是开始使用XPath提取网页数据，使用正则表达式拆分网页数据。

学习目标

【知识目标】

- 了解什么是XPath
- 掌握XPath环境的安装
- 掌握XPath基本语法
- 掌握正则表达式的概念
- 掌握正则表达式的基本语法
- 掌握正则表达式的匹配原则

【技能目标】

- 能够构造lxml
- 能够使用XPath进行网页的提取
- 能够使用正则表达式提取网页信息
- 能够使用正则表达式拆分网页信息

任务1 使用XPath提取网页数据

素养提升

目前，我国在网络安全领域取得了很大成就，但全球网络空间的情况依旧纷繁复杂。人工智能、区块链、5G、量子通信等具有颠覆性的战略性新技术突飞猛进，大数据、云计算、物联网等应用持续深化，数据泄露、高危漏洞、网络攻击以及相关的智能犯罪等网络安全问题随着新技术的发展呈现出新变化，严重危害国家关键基础设施安全、挑战人民的隐私安全甚至危及社会稳定。截至目前，全球泄露信息数量达到352.79亿条，涉及大约21.2亿人。数据安全挑战重重，个人用户和企业应提高网络安全意识，做好自身数据安全保护工作，降低数据泄露的风险。

任务描述

在数据采集过程中，需要熟悉网页的数据提取和拆分。本任务是使用Google Chrome浏览器辅助构造XPath提取浪潮官方网站中轮播图下面的列表信息，思路如下：

1）打开浏览器，找到对应的网站地址。

2）使用“检查”的方式查看网页源码。

3）使用Google Chrome浏览器实现XPath路径的保存。

4）构造截取信息的XPath。

5）编写代码，使用Python中的lxml截取所需信息。

扫码看视频

任务步骤

第一步：搜索并打开浪潮官方网站，如图5-1所示。

第二步：在网页上单击鼠标右键，在弹出的快捷菜单中选择“检查”命令，如图5-2所示。

图5-1 浪潮官方网站

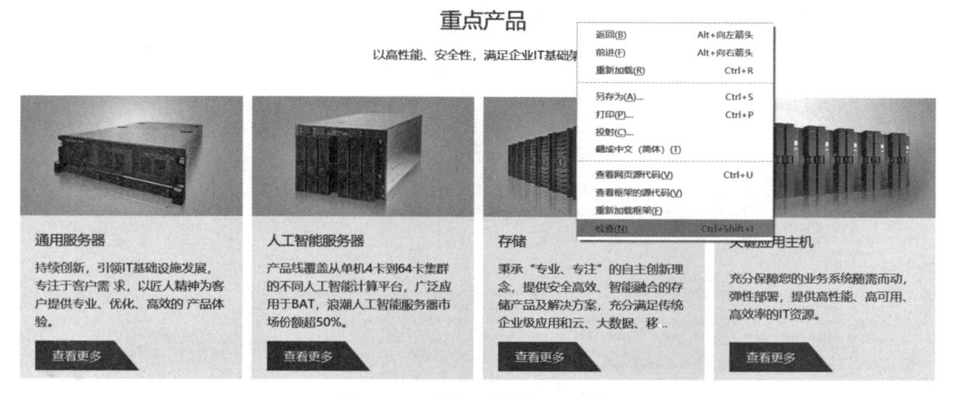

图5-2 选择“检查”命令

第三步：打开开发者工具，界面如图5-3所示。

图5-3 Google Chrome的开发者工具界面

第四步：使鼠标指针在开发者窗口中的HTML代码中移动，可以看到页面上不同的地方会高亮，说明当前鼠标指针指向的这个标签对应网页中高亮的这一部分的代码。除了根据代码找网页的位置，还可以根据网页位置找代码。

第五步：单击图5-4中的按钮，并将鼠标指针在网页上移动，可以看到开发者工具窗口中的代码随之滚动。

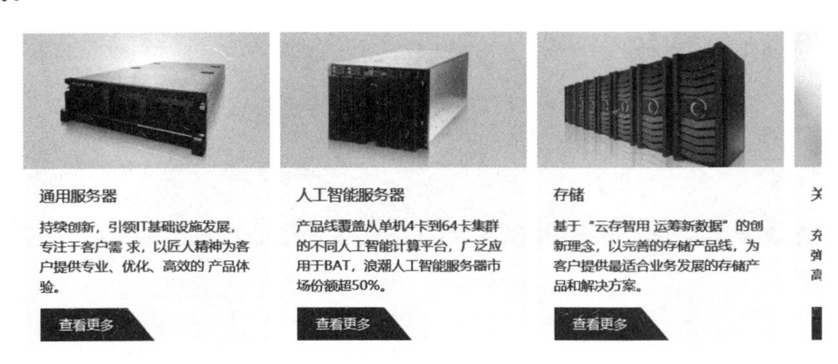

图5-4 单击方框框住的按钮

第六步：选定要提取的位置，如图5-5所示。

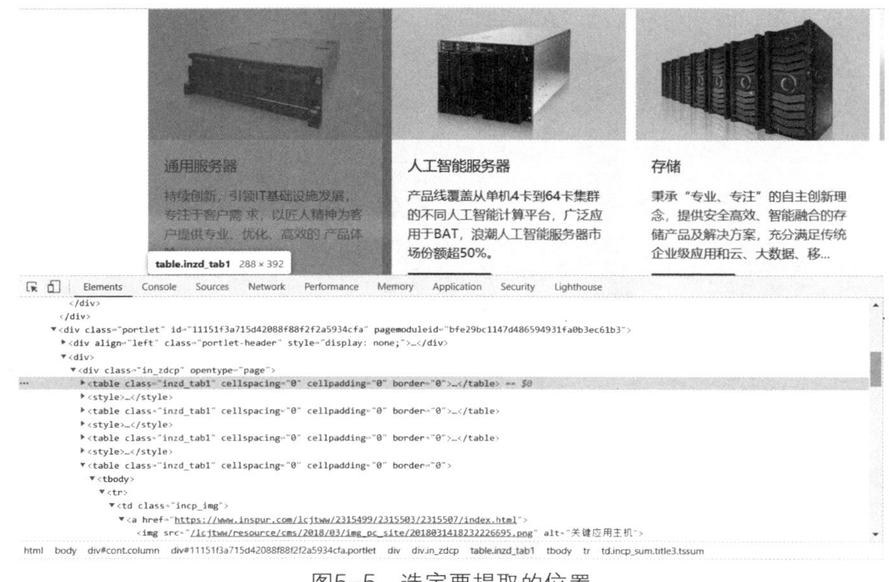

图5-5 选定要提取的位置

第七步：单击鼠标右键，选择“Copy”→“Copy XPath”命令，如图5-6所示。

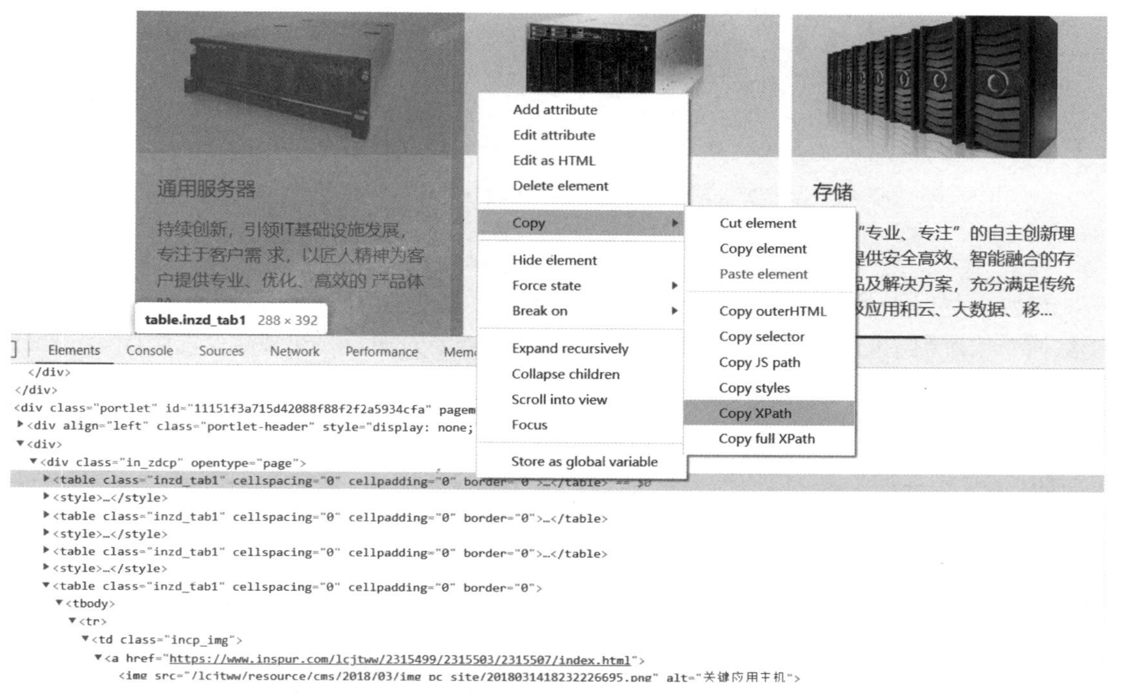

图5-6　选择“Copy”→“Copy XPath”命令

第八步：寻找一个可以输入文字的地方，把结果粘贴下来，可以看到如下的XPath语句：

```
//*[@id="11151f3a715d42088f88f2f2a5934cfa"]/div[2]/div[1]/table[1]
```

这种写法是可以被lxml解析的。方括号中的数字表示这是第几个该标签。

例如，//*[@id="11151f3a715d42088f88f2f2a5934cfa"]/div[2]，表示在id为“11151f3a715d42088f88f2f2a5934cfa”的标签下面的第2个<div>标签。注意，这里的数字是从1开始的，这和编程语言中普遍的从0开始不一样。

在开发者工具窗口中，每个标签的左边有个小箭头。通过单击小箭头可以展开或者关闭这个标签。通过这个小箭头，可以协助分析页面的HTML结构。

请注意图5-7方框中的每一个<table>标签。它们对应了每一条信息。

第九步：定位目标，获取想要的HTML代码，代码如下，运行结果如图5-8所示。

```
# coding:utf-8
import requests
import urllib3
from lxml import etree
urllib3.disable_warnings()
```

```
url ="https://www.inspur.com/"
r = requests.get(url, verify=False)
#print(r.text)
dom = etree.HTML(r.content.decode("utf-8"))
block = dom.xpath("//*[@class='inzd_tab1']")
# 打印提取到的结果
t = etree.tostring(block[0], encoding="utf-8", pretty_print=True)
print(t.decode("utf-8"))
```

说明：代码中第二行import requests为引入Python的一个常用的第三方库，用于数据采集过程中的URL资源处理。在使用过程中需要先安装，安装命令为pip install requests。

第十步：构造lxml，提取table里面的内容。代码如下，效果如图5-9所示。

```
t1 = block[0].xpath("//tbody/tr/td/a/text()")
#打印结果
print(t1)
```

人工智能服务器
产品线覆盖从单机4卡到64卡集群
的不同人工智能计算平台，广泛应

图5-7 网页源代码中的每一个<table>标签对应一个信息

```
============== RESTART: C:\Users\Administrator\Desktop\test.py ==============
Squeezed text (5786 lines).
<table class="inzd_tabl" cellspacing="0" cellpadding="0" border="0">
  <tbody>
   <tr>
    <td class="incp_img"><a href="https://www.inspur.com/lcjtww/2315499/2315503/
2316859/index.html"><img src="/lcjtww/resource/cms/2019/06/img_pc_site/201906051
7323853273.jpg" border="0" /></a></td>
   </tr>
   <tr>
    <td class="incp_tit title2 tyfw"><a href="https://www.inspur.com/lcjtww/2315
499/2315503/2316859/index.html" onclick="recordLinkArticleHits('2314784')" targe
t="_blank" title="通用服务器" istitle="true">通用服务器</a></td>
   </tr>
   <tr>
    <td class="incp_sum title3 tssum">持续创新，引领IT基础设施发展，专注于客户需
 求，以匠人精神为客户提供专业、优化、高效的 产品体验。</td>
   </tr>
   <tr>
    <td class="incp_a tsck"><a class="title4" href="https://www.inspur.com/lcjtw
w/2315499/2315503/2316859/index.html">查看更多</a></td>
   </tr>
  </tbody>
 </table>
```

图5-8 定位table下的数据

```
...
============== RESTART: C:\Users\Administrator\Desktop\test.py ==============
['通用服务器', '查看更多', '人工智能服务器', '查看更多', '存储', '查看更多', '关
键应用主机', '查看更多', '继...', '查看详情', '科技战“疫”，浪潮为各行各业按下
...', '查看详情', '【献礼70年 奋进新时代】浪潮《歌唱...', '查看详情']
>>>
```

图5-9 提取table中的文字

知识储备

1. XPath简介

XPath（XML Path）是一种查询语言，也称为XML路径语言，它能在XML（Extensible Markup Language，可扩展标记语言）和HTML的树状结构中寻找结点，确定XML文档中某部分位置的语言。形象一点来说，XPath就是一种根据“地址”来“找人”的语言。用XPath从HTML源代码中提取信息可以大大提高效率。

2. 安装XPath

在Python中，为了使用XPath需要安装一个第三方库：lxml。

（1）在Mac OS下安装lxml

如果操作系统为Mac OS，则可以直接使用pip安装lxml。命令为pip install lxml，如

图5-10所示。

```
1. kingname@kingname: ~/book (zsh)
(venv)
# kingname @ kingname in ~/book on git:master x [22:48:31]
$ pip install lxml
Collecting lxml
Installing collected packages: lxml
Successfully installed lxml-3.7.3
(venv)
# kingname @ kingname in ~/book on git:master x [22:48:38]
$
```

图5-10　Mac OS下安装lxml

（2）在Ubuntu下安装lxml

如果操作系统为Ubuntu，则可以使用如下命令安装lxml：

```
sudo apt-get install python-lxml
```

（3）在Windows下安装lxml

如果操作系统为Windows，则可以使用命令pip　install　lxml进行安装，但安装成功几率比较小。常用的安装方法为：

第一步：下载lxml文件，把lxml-3.7.3-cp36-cp36m-win_amd64.whl这个文件的扩展名由.whl改为.zip，使用WinRAR或者7-Zip等解压缩工具来解压这个文件。解压以后会得到两个文件夹，如图5-11所示。

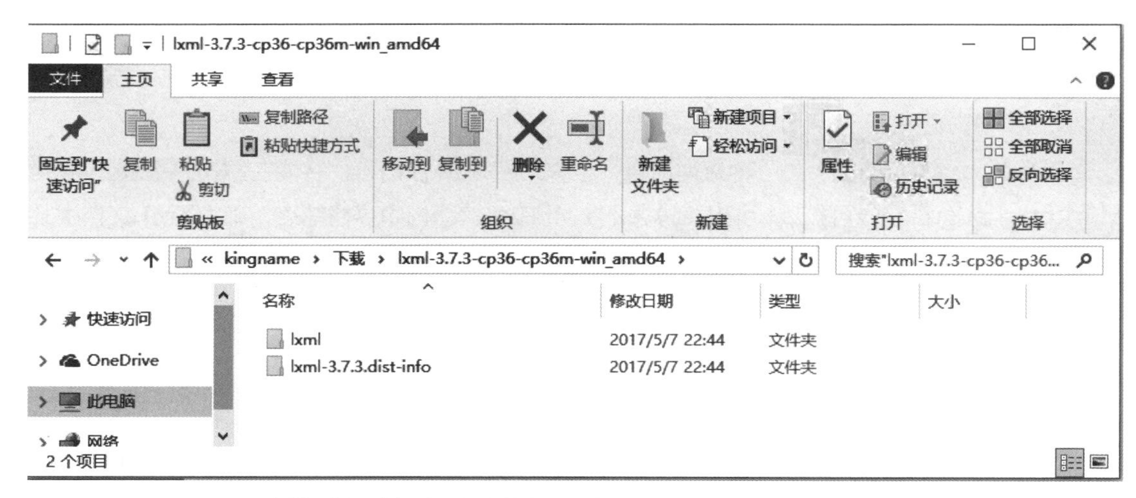

图5-11　解压lxml-3.7.3-cp36-cp36m-win_amd64.whl

第二步：把它们复制到Python安装文件夹下面的Lib\site-packages文件夹中即可，如

图5-12所示。

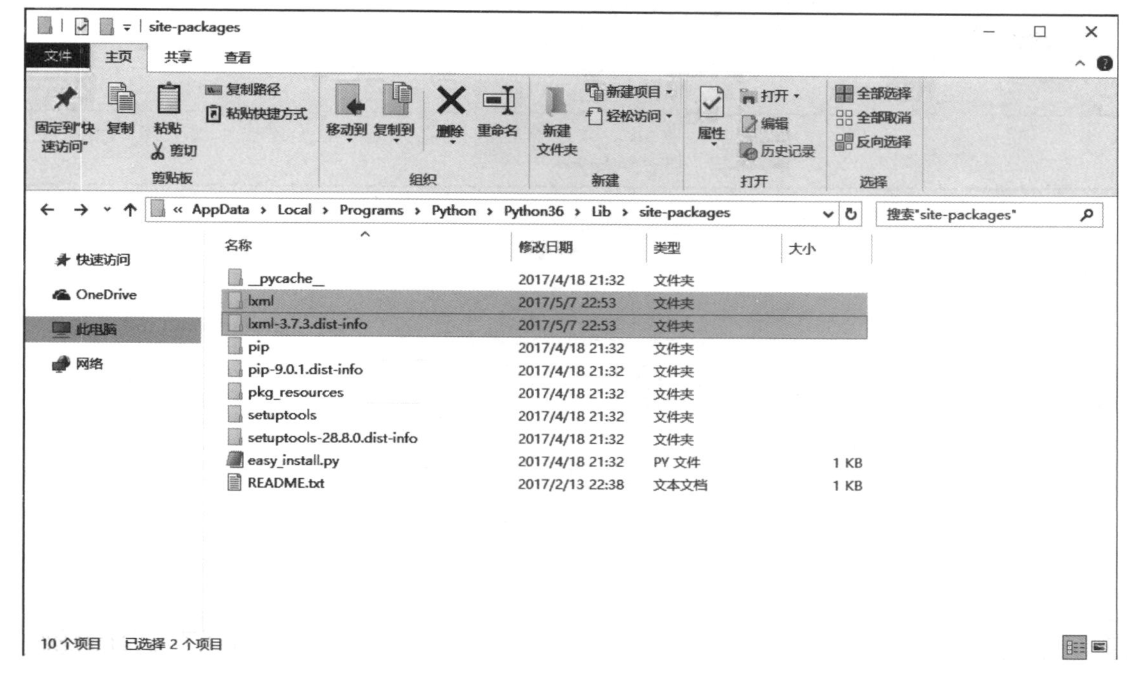

图5-12　复制到Python安装文件夹下面的Lib\site-packages

第三步：验证lxml安装是否安装成功。

打开Python的交互环境，输入import lxml，如果不报错，则表示安装成功，如图5-13所示。

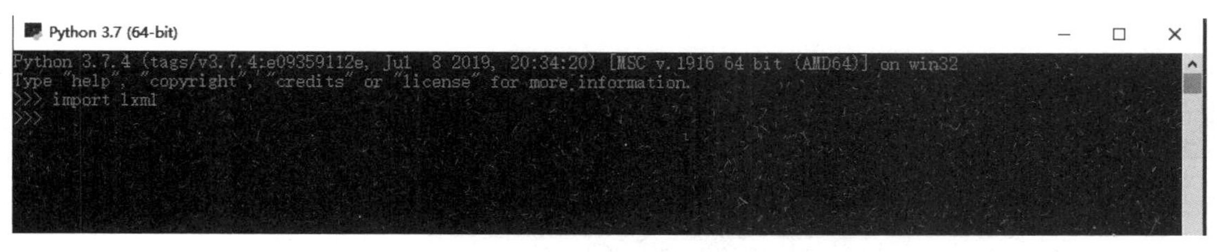

图5-13　lxml安装成功效果图

3．XPath语法

（1）基本语法

使用XPath需要从lxml库中导入etree模块，并使用HTML类对需要匹配的HTML对象进行初始化。HTML类的基本语法格式如下：

```
Lmxl.etree.HTML(text,parase=None,*,base_url=None)
```

HTML类的常用参数见表5-1。

表5-1　HTML类的常用参数

参数	说明
text	接收str，表示需要转换为HTML的字符串
parase	接收str，表示选择的HTML解析器
base_url	接收str。表示文档的元素URL，用于查找外部实体的相对路径。默认为None

XPath也可以使用类似正则的表达式来匹配HTML文件中的内容，常用的匹配表达式见表5-2。

表5-2　常用的匹配表达式

表达式	说明
nodename	选取nodename节点的所有子节点
/	从当前节点选取直接子节点
//	从当前节点选取子孙节点
.	选取当前节点
..	选取当前节点的父节点
@	选取属性

说明：父节点表示当前节点的上一层节点，子节点表示当前节点的下一层节点。子孙节点表示当前节点的所有下层节点。

（2）谓语

查找某个特定的节点或包含某个指定值的节点可以使用XPath中的谓语，通常被嵌在路径后的方括号中，见表5-3。

表5-3　谓语表达式

表达式	说明
/html/body/div[1]	选取属于body子节点下的第一个div节点
/html/body/div[last()]	选取属于body子节点下的最后一个div节点
/html/body/div[last()-1]	选取属于body子节点下的倒数第二个div节点
/html/body/div[positon()<3]	选取属于body子节点下的下前两个div节点
/html/body/div[@id]	选取属于body子节点下的带有id属性的div节点
/html/body/div[@id="content"]	选取属于body子节点下的id属性值为content的div节点
/html /body/div[xx>10.00]	选取属于body子节点下的xx元素值大于10的节点

（3）功能函数

当对象仅掌握了其部分特征，需要模糊搜索该类对象时，可使用XPath中提供的功能函数进行模糊搜索，具体函数见表5-4。

表5-4 功能函数

功能函数	示例	说明
starts-with	//div[starts-with(@id,"co")]	选取id值以co开头的div节点
contains	//div[contains(@id,"co")]	选取id值包含co的div节点
and	//div[contains(@id,"co")andcontains(@id,"en")]	选取id值包含co和en的div节点
text()	//li[contains(text(),"first")]	选取节点文本包含first的div节点

任务2 使用正则表达式提取网页数据

我国航天事业经过了几十年的发展，取得了辉煌的成就，从古中国的“嫦娥奔月”的登月幻想起就开始孕育了现代航天技术的萌芽。2003年中国第一次把航天员送上太空，这是继人类历史上第一次载人航天飞行40多年后，我国首次成功发射载人航天飞船，使我国跻身于世界航天大国之列。又经过近20年的发展，神州十四号成功发射，这是中国空间站建造阶段的首次载人飞行，也是中国人的第9次太空远征。在这成功的背后，我们不得不感谢我们的广大航天人，正是他们的能吃苦耐劳、脚踏实地、勇于奋进的精神，使得我国航天事业取得了重大的成就。在进行页面内容的解析时同样如此，应该保持足够的耐心，脚踏实地，不好高骛远，一层一层进行节点的定位，最终找到数据所在节点，并将节点中包含的内容提取出来。

任务描述

在爬虫的开发中，需要把有用的信息从一大段文本中提取出来。正则表达式是提取信息的方法之一。本任务是使用Python正则表达式拆分浪潮官网的数据，思路如下：

1）打开编辑器，引入使用正则表达式所需要的包。

2）模拟浏览器请求，请求浪潮官网的数据。

3）使用findall方法匹配所有的<h3>标题。

4）使用正则表达式提取所有的链接。

扫码看视频

任务步骤

第一步：导入模块。

re模块：Python内置的正则表达式模块。

requests模块：HTTP请求模块。

urllib. request：主要模拟浏览器请求。

```
import csv
import re
# 导入Python自带的HTTP请求库urllib库的Request请求模块
import requests
import urllib.request
```

第二步：使用requests爬取整个网站并设置编码格式，代码如下。

```
# html存入了整个网页内容
response = requests.get('https://www.inspur.com/')
r = response.text.encode(response.encoding).decode('utf-8')
```

第三步：使用正则表达式匹配网页标题（title）。

通过对源代码的观察发现，需要的网页标题title是放置在<title></title>之间的文本内容。这时就需要用到正则表达式'<title>(. *?) </title>'来匹配其中的内容了，代码如下。

```
title_re=r' <title>(.*?)</title>'
```

第四步：使用findall方法匹配所有的<h3>标题。

```
article_re = '<h3>.*</h3>'
article_titles = re.findall(article_re,r)
for art_title in article_titles:
print(art_title)
```

输出效果如图5-14所示。

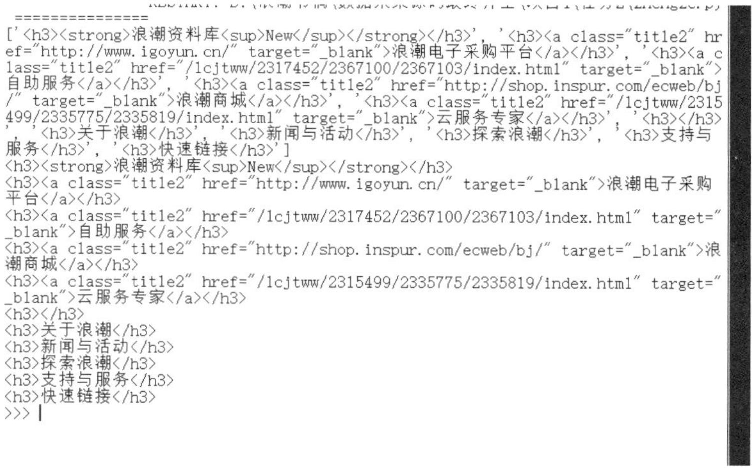

```
================
['<h3><strong>浪潮资料库<sup>New</sup></strong></h3>', '<h3><a class="title2" href="http://www.igoyun.cn/" target="_blank">浪潮电子采购平台</a></h3>', '<h3><a class="title2" href="/1cjtww/2317452/2367100/2367103/index.html" target="_blank">自助服务</a></h3>', '<h3><a class="title2" href="http://shop.inspur.com/ecweb/bj/" target="_blank">浪潮商城</a></h3>', '<h3><a class="title2" href="/1cjtww/2315499/2335775/2335819/index.html" target="_blank">云服务专家</a></h3>', '<h3></h3>', '<h3>关于浪潮</h3>', '<h3>新闻与活动</h3>', '<h3>探索浪潮</h3>', '<h3>支持与服务</h3>', '<h3>快速链接</h3>']
<h3><strong>浪潮资料库<sup>New</sup></strong></h3>
<h3><a class="title2" href="http://www.igoyun.cn/" target="_blank">浪潮电子采购平台</a></h3>
<h3><a class="title2" href="/1cjtww/2317452/2367100/2367103/index.html" target="_blank">自助服务</a></h3>
<h3><a class="title2" href="http://shop.inspur.com/ecweb/bj/" target="_blank">浪潮商城</a></h3>
<h3><a class="title2" href="/1cjtww/2315499/2335775/2335819/index.html" target="_blank">云服务专家</a></h3>
<h3></h3>
<h3>关于浪潮</h3>
<h3>新闻与活动</h3>
<h3>探索浪潮</h3>
<h3>支持与服务</h3>
<h3>快速链接</h3>
>>>
```

图5-14　匹配所有的<h3>标题

第五步：使用正则表达式提取所有的链接。

```
url_re = '<a href="(.*?)">.*?</a>'
article_url = re.findall(url_re,r)
for art_url in article_url:
        print(art_url)
```

效果如图5-15所示。

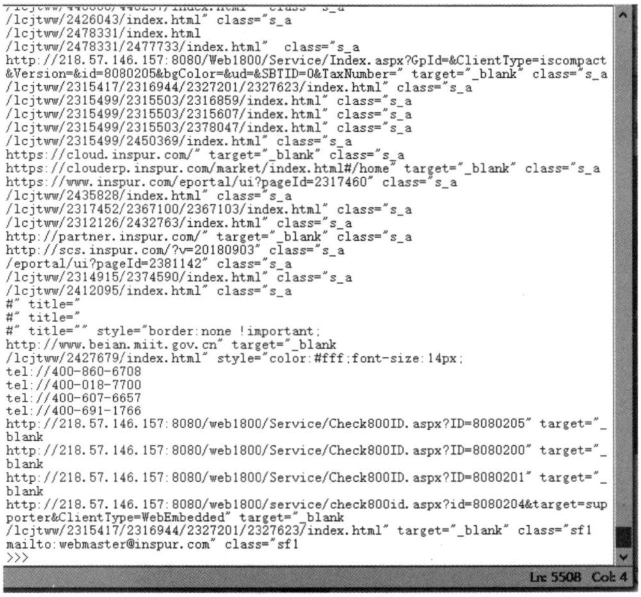

```
/lcjtww/2426043/index.html" class="s_a
/lcjtww/2478331/index.html
/lcjtww/2478331/2477733/index.html"  class="s_a
http://218.57.146.157:8080/Web1800/Service/Index.aspx?GpId=&ClientType=iscompact
&Version=&id=8080205&bgColor=&ud=&SBTID=0&TaxNumber=" target="_blank" class="s_a
/lcjtww/2315417/2316944/2327201/2327623/index.html" class="s_a
/lcjtww/2315499/2315503/2316859/index.html" class="s_a
/lcjtww/2315499/2315503/2315607/index.html" class="s_a
/lcjtww/2315499/2315503/2378047/index.html" class="s_a
/lcjtww/2315499/2450369/index.html" class="s_a
https://cloud.inspur.com/" target="_blank" class="s_a
https://clouderp.inspur.com/market/index.html#/home" target="_blank" class="s_a
https://www.inspur.com/eportal/ui?pageId=2317460" class="s_a
/lcjtww/2435828/index.html" class="s_a
/lcjtww/2317452/2367100/2367103/index.html" class="s_a
/lcjtww/2312126/2432763/index.html" class="s_a
http://partner.inspur.com/" target="_blank" class="s_a
http://scs.inspur.com/?v=20180903" class="s_a
/eportal/ui?pageId=2381142" class="s_a
/lcjtww/2314915/2374590/index.html" class="s_a
/lcjtww/2412095/index.html" class="s_a
#" title="
#" title="
#" title="" style="border:none !important;
http://www.beian.miit.gov.cn" target="_blank
/lcjtww/2427679/index.html" style="color:#fff;font-size:14px;
tel://400-860-6708
tel://400-018-7700
tel://400-607-6657
tel://400-691-1766
http://218.57.146.157:8080/web1800/Service/Check800ID.aspx?ID=8080205" target="_
blank
http://218.57.146.157:8080/web1800/Service/Check800ID.aspx?ID=8080200" target="_
blank
http://218.57.146.157:8080/web1800/Service/Check800ID.aspx?ID=8080201" target="_
blank
http://218.57.146.157:8080/web1800/service/check800id.aspx?id=8080204&target=sup
porter&ClientType=WebEmbedded" target="_blank
/lcjtww/2315417/2316944/2327201/2327623/index.html" target="_blank" class="sf1
mailto:webmaster@inspur.com" class="sf1
>>>
Ln: 5508  Col: 4
```

图5-15　提取所有的链接

知识储备

1. 正则表达式简介

正则表达式（Regular Expression）简称Regex或RE，又称为正规表示法或常规表示法。常用于检索、替换符合某个模式的文本，正则表达式是一段字符串，它可以表示一段有规律的信息。Python自带一个正则表达式模块，通过这个模块可以查找、提取、替换一段有规律的信息。

在程序开发中，要让计算机程序从一大段文本中找到需要的内容，就可以使用正则表达式来实现。

2. Python正则表达式模块

Python标准库中的re模块提供正则表达式的全部功能，可以直接引入。

```
import re
```

使用re的一般步骤如下：

第一步：将正则表达式的字符串形式编译为Pattern实例。

第二步：使用Pattern实例处理文本并获取匹配结果。

第三步：使用Match实例获得信息，进行其他操作。

re模块中常用的方法见表5-5。

表5-5 re模块常用的方法

方法	说明
compile	将正则表达式的字符串转化为Pattern匹配对象
match	将输入的字符串从头开始对输入的正则表达式进行匹配，一直向后直至遇到无法匹配的字符或到达字符串末尾，将立即返回None，否则获取匹配结果
search	将输入的字符串整个扫描，对输入的正则表达式进行匹配，获取匹配结果，否则输出None
split	按照能够匹配的字符串作分隔，将字符串分割后返回一个列表
findall	搜索整个字符串，返回一个列表包含全部能匹配的子串
finditer	与findall方法作用类似，以迭代器的形式返回结果
sub	使用指定内容替换字符串中匹配的每一个子串内容

（1）compile方法

compile方法将正则表达式的字符串转化为Pattern匹配对象，语法格式如下：

```
re.compile(pattern,flags=0)
```

compile方法常用的参数见表5-6。

表5-6 compile方法常用的参数

参数	说明
string	接收string。表示需要转换的正则表达式的字符串。无默认值
flag	接收string。表示匹配模式，取值为运算符“|”时表示同时生效，如re.I|re.M。默认为None

flag参数的可选值见表5-7。

表5-7 flag参数的可选值

可选值	说明
re.I	忽略大小写
re.M	多行模式，改变“^”和“$”的行为
re.S	“.”任意匹配模式，改变“.”的行为
re.L	使预定字符类\w\W\b\B\s\S取决于当前区域设定
re.U	使预定字符类\w\W\b\B\s\S\d\D取决于unicode定义的字符属性
re.X	详细模式，该模式下正则表达式可为多行，忽略空白字符并可加入注释

（2）search方法

search方法扫描整个字符串并返回第一个成功的匹配，语法格式如下：

```
re. search(pattern, string[, flags])
```

search方法常用的参数见表5-8。

表5-8　search方法常用的参数

参数	说明
pattern	接收Pattern实例。表示转换后的正则表达式。无默认值
string	接收string。表示输入的需要匹配的字符串。无默认值
flag	接收string。表示匹配模式，取值为运算符“|”时表示同时生效，如re.I|re.M。默认为None

（3）findall方法

findall方法搜索整个string，返回一个列表包含全部能匹配的子串，其语法格式如下。

```
re. findall (pattern, string [, flags] )
```

findall方法常用的参数见表5-9。

表5-9　findall方法常用的参数

参数	说明
pattern	接收Pattern实例。表示转换后的正则表达式。无默认值
string	接收string。表示输入的需要匹配的字符串。无默认值
flag	接收string。表示匹配模式，取值为运算符“|”时表示同时生效，如re.I|re.M。默认为None

3．正则表达式的基本符号

（1）点号“.”

一个点号可以代替除了换行符以外的任何一个字符，包括但不限于英文字母、数字、汉字、英文标点符号和中文标点符号。

（2）星号“*”

一个星号可以表示它前面的一个子表达式（普通字符、另一个或几个正则表达式符号）0次到无限次。

（3）问号“？”

问号表示它前面的子表达式0次或者1次。注意，这里的问号是英文问号。

（4）反斜杠“\”

反斜杠在正则表达式里不能单独使用，甚至在整个Python里都不能单独使用。反斜杠需要和其他字符配合使用来把特殊符号变成普通符号或者把普通符号变成特殊符号。

例如“n”只是一个普通的字母，但是“\n”代表换行符。

在Python开发中，经常遇到的转义字符见表5-10。

表5-10 转义字符

转义字符	意义
\n	换行符
\t	制表符
\\	普通的反斜杠
\'	单引号
\"	双引号
\d	数字

（5）数字“\d”

正则表达式里面使用“\d”来表示一位数字。为什么要用字母d呢？因为d是英文“digital（数字）”的首字母。

再次强调一下，“\d”虽然是由反斜杠和字母d构成的，但是要把“\d”看成一个正则表达式符号整体。

（6）小括号“()”

小括号可以把括号里面的内容提取出来。

拓展任务

目标网站：https://www.damai.cn/projectlist.do。

目标内容：第1页有10场演出信息，每一场演出信息包括演出名称、详情页网址、演出描述、演出时间、演出地点、票价。

任务要求：使用XPath或者正则表达式完成。将结果保存为CSV文件。任务思路如下：

1）使用requests获取网页源代码。

2）使用XPath或者正则表达式提取网页内容。

3）使用Python读/写CSV文件。

项目总体评价

通过学习本项目，检查自己是否掌握了以下技能，在技能检测表中标出已掌握的技能。

评价标准	个人评价	小组评价	教师评价
能够使用XPath提取网页数据			
能够使用正则表达式拆分网页数据			

备注：A为能做到；B为基本能做到；C为部分能做到；D为基本做不到。

练习题

一、填空题

1．在MAC OS系统中安装lxml的命是__________。

2．XPath选取属于body子节点下的最后一个div节点__________。

3．HTML类中用于接收str，表示需要转换为HTML的字符串的属性是__________。

4．XPath中使用类似正则的表达式来匹配HTML文件中的内容的表达式为__________。

5．re模块中将正则表达式的字符串转化为Pattern匹配对象的方法是__________。

二、选择题

1．XPath中用于从当前节点选取子孙节点的表达式为____。

A．/　　B．//　　C．.　　D．..

2．XPath中的谓语表达式用于选取属于body子节点下的前两个div节点的是____。

A．/html/body/div [positon () <3]

B．/html/body/div [last () -1]

C．/html/body/div [@id]

D．/html /body/div [xx>10.00]

3．XPath的功能函数中用于选取id值以co开头的div节点的是____。

A．text ()　　B．and　　C．contains　　D．starts-with

4．re模块的常用方法中用于将输入的字符串整个扫描，对输入的正则表达式进行匹配，获取匹配结果的是____。

A．sub　　B．split　　C．search　　D．compile

Project 6

项目 6 初识Python

项目情境

经理：小张，你抽时间学习一下Python，现阶段Python是主流。

小张：好的。学习Python的用途是什么呢？

经理：学习Python主要是为后面爬取数据和数据分析打下基础。

小张：好的。

经理：通过案例系统地学习就可以，重点是提取分解数据和写入读取数据。

小张：好的，没问题。

小张和经理谈完话后，学习Python语言的基础知识，并打算重点学习使用Python进行数据的提取分解。

学习目标

【知识目标】

- 掌握Python语言的发展及特点
- 掌握Python语言的运行方式
- 掌握Python语言的基本语法
- 掌握Python语言的基本输入输出
- 掌握XML数据操作
- 掌握JSON数据操作
- 掌握socket模块

【技能目标】

- 能够安装Python环境
- 能够使用Python基本语法实现投掷骰子游戏
- 能够对XML文件进行提取拆分
- 能够对JSON数据进行提取拆分
- 能够使用socket进行网络通信

任务1 安装Python并输出helloWorld

素养提升

在数据采集领域，Python是常用的编程语言，Python语言虽然入门简单，但需要较为严密的逻辑思维，学习过程中仍要保持端正的学习态度，一步一个脚印打好基础，用心做好每一件事。做人也必须脚踏实地一步一个脚印去提高自己，切不可“三天打鱼两天晒网”。要想成为一个德才兼备的人，就必须全面提高自己的各个方面，要做到一年如一日的坚持，虽然过程会比较辛苦，但是最后的结果往往会出乎意料。

任务描述

Python被称为胶水语言，因为它具有丰富和强大的第三方库。它能够把其他语言制作的各种模块（尤其是C/C++）很轻松地联系在一起。本任务是在Windows环境中安装Python软件，并使用命令提示符的方式输出“helloWorld”。实现该任务的思路如下：

1）找到Python官网，下载Python安装包。

2）傻瓜式安装Python软件。

3）检验Python是否安装成功。

4）输出“helloWorld”。

扫码看视频

任务步骤

第一步：在浏览器中打开Python官方网站，单击“Python 3.8.2”按钮下载，如图6-1所示。

第二步：自定义安装路径，勾选“Add Python 3.8 to PATH”，开始傻瓜式安装

Python，如图6-2所示。

第三步：打开Python软件，安装成功，如图6-3所示。

第四步：输入print(“helloWorld”)，出现如图6-4所示的效果。

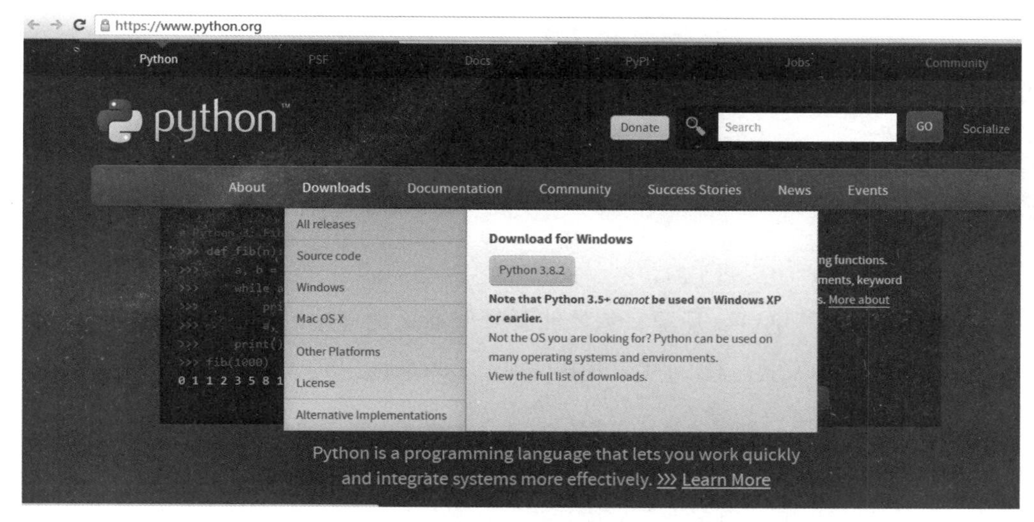

图6-1　Python下载首页

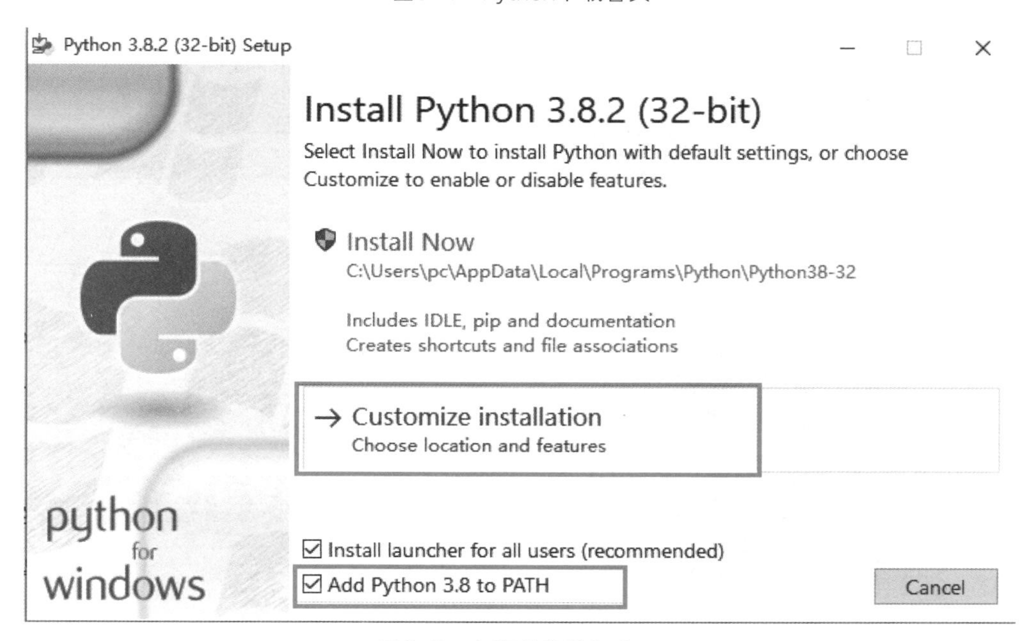

图6-2　自定义安装Python

Python 3.8 (32-bit)

```
Python 3.8.2 (tags/v3.8.2:7b3ab59, Feb 25 2020, 22:45:29) [MSC v.1916 32 bit (Intel)] on win32
Type "help", "copyright", "credits" or "license" for more information.
>>>
```

图6-3　安装成功效果图

```
>>> print("helloWorld")
helloWorld
>>>
```

图6-4　输出“helloWorld”

知识储备

1．Python语言的历史与发展

Python是一门跨平台、开源、免费的解释型高级动态编程语言，1989年由荷兰人Guido van Rossum发明，1991年公开发行第一个版本。

Guido曾参与设计一种名为ABC的教学语言，他本人认为ABC这种语言非常优美且强大，但ABC最终未能成功。1989年圣诞节期间，身在阿姆斯特丹的Guido为了打发时间，决心开发一个新的脚本解释程序作为ABC语言的一种继承。由于非常喜欢一部名为《Monty Python's Flying Circus》的英国肥皂剧，Guido选择了“Python”作为这个新语言的名字，Python就此诞生。Python发明者Guido和Python的图标如图6-5所示。

a）

b）

图6-5　Python发明者Guido和Python的图标

a）Guido van Rossum　b）Python的图标

Python语言的发展见表6-1。

表6-1 Python语言的发展

年份	版本
1991年	Python 的第一个版本公开发行，此版本使用C语言实现，能调用C语言的库文件
2000年10月	Python 2.0发布
2008年12月	Python 3.0版本发布，3.0与2.x系列不兼容
2010年	Python 2.x系列发布了最后一个版本，其主版本号为2.7
2012年	Python 3.3版本发布
2014年	Python 3.4版本发布
2015年	Python 3.5版本发布
2016年	Python 3.6版本发布
2018年6月	Python 3.7.0发布
2019年11月	Python 3.8.0发布

2．Python语言的特点

（1）Python是免费的开源自由软件

Python遵循GPL协议，是免费和开源的，不管用于何种用途，开发人员都无需支付任何费用，也不用担心版权问题。

（2）Python是面向对象的

面向对象（Object Oriented，OO）是现代高级程序设计语言的一个重要特征。Python具有多态、运算符重载、继承和多重继承等面向对象编程（Object Oriented Programming，OOP）的主要特征。

（3）Python具有良好的跨平台特性

Python是用ANSI C语言实现的，具有良好的跨平台和可移植性。

（4）Python功能强大

1）动态数据类型：Python在代码运行过程中跟踪变量的数据类型，不需要声明变量的数据类型，也不要求在使用之前对变量进行类型声明。

2）自动内存管理：良好的内存管理机制意味着程序运行具有更高的性能。Python程序员无需关心内存的使用和管理，Python会自动分配和回收内存。

3）大型程序支持：通过子模块、类和异常等工具，Python可用于大型程序开发。

4）内置数据结构：Python提供了常用数据结构支持。例如，集合、列表、字典、字符串等都属于Python内置类型，用于实现相应的数据结构。

5）内置标准库：Python提供丰富的标准库，如从正则表达式匹配到网络等，使Python可以实现多种应用。

6）第三方工具集成：Python通过扩展包集成第三方工具，从而应用到各种不同的领域。

3．Python语言的应用领域

（1）Web开发

Python是Web开发的主流语言，与Java Script、PHP等广泛使用的语言相比，它的类库丰富、使用方便，能够为一个需求提供多种方案。

（2）科学计算

Python提供了支持多维数组运算与矩阵运算的模块numpy、支持高级科学计算的模块scipy、支持2D绘图功能的模块matplotlib，又具有简单易学的特点，因此被科学家用于编写科学计算程序。

（3）游戏开发

很多游戏开发者先利用Python或Lua编写游戏的逻辑代码，再使用C++编写图形显示等对性能要求较高的模块。Python标准库提供了pygame模块，利用这个模块可以制作2D游戏。

（4）自动化运维

Python是一种脚本语言，Python标准库提供了一些能够调用系统功能的库，因此它常被用于编写脚本程序，以控制系统，实现自动化运维。

（5）多媒体应用

Python提供了PIL、Piddle、ReportLab等模块，利用这些模块可以处理图像、声音、视频、动画等，并动态生成统计分析图表；Python的PyOpenGL模块封装了OpenGL应用程序编程接口，提供了二维和三维图像的处理功能。

（6）爬虫开发

爬虫程序通过自动化程序有针对性地爬取网络数据，提起可用资源。Python拥有良好的网络支持，具备相对完善的数据分析功能与数据处理库，又兼具灵活简洁的特点，因此被广泛应用于爬虫领域之中。

4．Python程序的运行方式

Python程序的运行方式有两种：交互式和文件式。交互式指Python解释器逐行接收Python代码并即时响应；文件式也称批量式，指先将Python代码保存在文件中，再启动Python解释器批量解释代码。

（1）交互式

Python解释器或控制台都能以相同的操作通过交互方式运行Python程序，以控制台为例，进入Python环境后，在命令提示符“>>>”后输入如下代码：

```
print("helloWorld")
```

按<Enter>键，控制台将立刻打印运行结果，如图6-6所示。

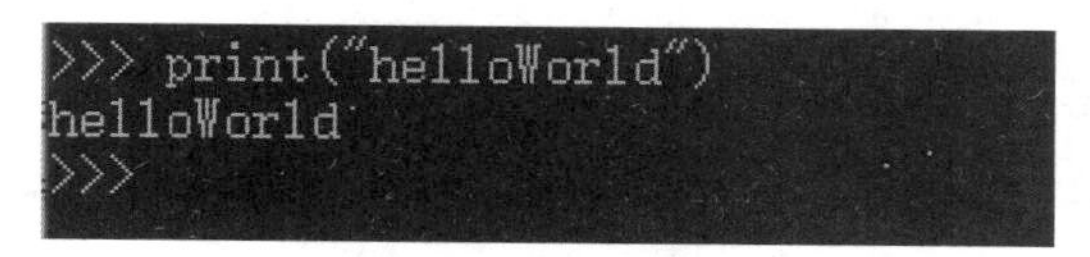

图6-6　运行结果

（2）文件式

创建文件，在其中写入Python代码，将该文件保存为.py形式的Python文件。此处以代码“print("hello world")”为例，在文件中写入此行代码，并以文件名“hello.py”保存文件。打开控制台窗口，在命令提示符“>”后输入命令“Python hello.py”运行Python程序，如图6-7所示。

图6-7　文件式输出效果

任务2　投掷骰子

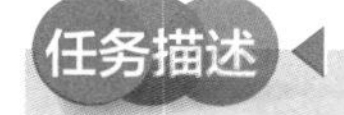

Python在编程过程中起着至关重要的作用，尤其是在大数据和人工智能行业进行数据分析、统计、采集等方面。所以学习Python基础知识是必不可少的。本任务是使用Python基本语法及条件语句实现投掷骰子的游戏。实现该任务的思路是：

1）创建名为dice的Python项目。

扫码看视频

2）定义函数roll，用来定义投掷一次骰子并返回的点数。

3）定义主函数，编写while循环。

4）运行项目，查看结果。

第一步：在开始菜单中找到“IDLE”打开，如图6-8所示。

```
Python 3.8.2 Shell
File  Edit  Shell  Debug  Options  Window  Help
Python 3.8.2 (tags/v3.8.2:7b3ab59, Feb 25 2020, 22:45:29) [MSC v.1916 32 bit (In
tel)] on win32
Type "help", "copyright", "credits" or "license()" for more information.
>>> |
```

图6-8　打开Python的IDLE文件

第二步：选择“File”→“New File”命令新建dice.py文件。定义函数roll，用来定义投掷一次骰子并返回的点数。

```
def roll(sides=6):
    """
    投掷一次骰子并返回的点数。
    sides：骰子有多少面，默认为6。"""
    num_rolled = None
    '*** 随机产生1~6之间的整数 ***'
    num_rolled = random.randint(1, sides)
    return num_rolled
```

第三步：定义主函数，编写while循环。

```
def main():
    sides = 6
    stop = False
    '*** 修改while循环的条件，使用stop变量控制循环的结束 ***'
    while not stop:
        user_in = input('试试手气？ 回车=掷骰子， Q=退出')
        '*** 修改if的条件，根据用户的选择做决定 ***'
        '*** 注意，用户输入Q，无论大小写都可以退出 ***'
        if user_in.lower() == 'q':
```

```
                stop = True
        else:
                num_rolled = None
                '*** 在这里补充你的代码 ***'
                '*** 调用roll函数来掷骰子 ***'
                num_rolled = roll(sides)
                print('你掷出了 %d 点' % num_rolled)
print('欢迎下次再来')
```

第四步：　在IDLE中选择“Run” → “Run　Module”命令运行Python文件，效果如图6-9所示。

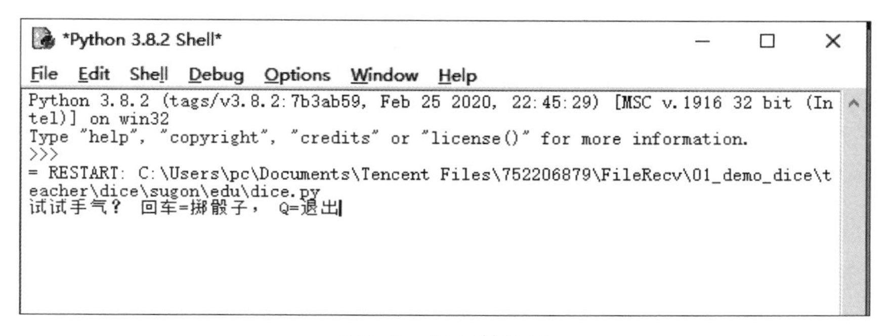

图6-9　运行效果图

按<Enter>键会出现随机的骰子数，效果如图6-10所示。

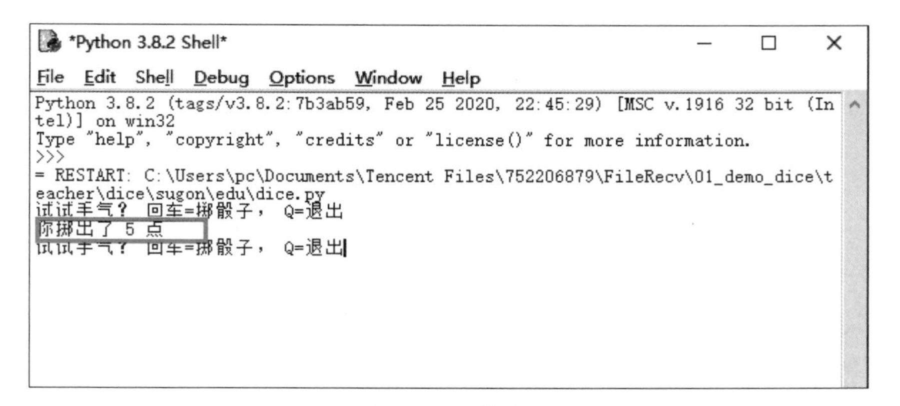

图6-10　效果

1．基本语法

（1）编码

在默认情况下，Python 3源码文件以UTF-8编码，所有字符串都是unicode，也可以为源码文件指定不同的编码。

（2）行与缩进

Python最具特色的就是使用缩进来表示代码块，不需要使用大括号{ }。缩进的空格数是可变的，但是同一个代码块的语句必须包含相同的缩进空格数。

（3）注释

注释用于为程序添加说明性的文字，帮助程序员阅读和理解代码。Python解释器会忽略注释的内容。注释分为单行注释和多行注释。

1）单行注释以符号“#”开始，当前行中符号“#”及其后的内容为注释。可以单独占一行，也可以放在语句末尾。

2）多行注释是用3个英文的单引号“'''”或3个双引号“"""”作为注释的开始和结束符号。

示例代码如下。

```
"""
多行注释开始
下面的代码根据变量x的值计算y
注意代码中使用缩进表示代码块
多行注释结束
"""
x=5
if x > 100:
    y = x *5 - 1      #单行注释：x>100时执行该语句
else:
    y = 0                       #x<=100时执行该语句
print(y)                    #输出y
```

（4）保留字和关键字

关键字是程序设计语言中作为命令或常量等的单词。保留字和关键字不允许作为变量或其他标识符使用。Python的保留字和关键字见表6-2。

表6-2　Python的保留字和关键字

false	await	else	import	pass
none	break	except	in	raise
true	class	finally	is	return
and	continue	or	lambda	try
as	def	from	nonlocal	while
assert	del	global	not	with
async	elif	if	or	yield

注意：Python区分标识符的大小写，保留字和关键字必须严格区分大小写。

2．运算符

运算符是程序设计中的最基本的元素，也是构成表达式的基础，Python支持的运算符有算术运算符、赋值运算符、比较运算符、位运算符、逻辑运算符等。

（1）算术运算符

算术运算符用于对操作数或表达式进行数学运算。常用的算术运算符见表6-3。

表6-3　常用的算术运算符

算术运算符	描述	示例
+	加，两个对象做加法运算	2+4的结果是6
-	减，两个对象做减法运算	4-2的结果是2
*	乘，两个对象做乘法运算	2*4的结果是8
/	除，两个对象做除法运算	4/2的结果是2
%	取余，返回除法的余数	5%2的结果是1
**	求幂，即x**y，返回x的y次幂	2**3的结果是8
//	整除，返回商的整数部分	5//2的结果是2

（2）赋值运算符

赋值运算符的作用是将运算符右侧的表达式的值赋给运算符左侧的变量。Python提供的常用赋值运算符见表6-4。

表6-4　常用赋值运算符

<table>
<tr><th>运算符</th><th>描述</th><th>示例</th></tr>
<tr><td>=</td><td>最基本的赋值运算</td><td>c=a+b，即将a+b的结果赋值给c</td></tr>
<tr><td>+=</td><td>加赋值</td><td>x+=y等效于x=x+y</td></tr>
<tr><td>-=</td><td>减赋值</td><td>x -=y等效于x=x-y</td></tr>
<tr><td>*=</td><td>乘赋值</td><td>x *=y等效于x=x * y</td></tr>
<tr><td>/=</td><td>除赋值</td><td>x /=y等效于x=x / y</td></tr>
<tr><td>%=</td><td>取余数赋值</td><td>x %=y等效于x=x% y</td></tr>
<tr><td>**=</td><td>幂赋值</td><td>x **=y等效于x=x** y</td></tr>
<tr><td>//=</td><td>取整数赋值</td><td>x //=y等效于x=x// y</td></tr>
<tr><td>&=</td><td>按位与赋值</td><td>x &=y等效于x=x&y</td></tr>
<tr><td>|=</td><td>按位或赋值</td><td>x |=y等效于x=x|y</td></tr>
<tr><td>^=</td><td>按位异或赋值</td><td>x ^=y等效于x=x^y</td></tr>
</table>

（3）比较运算符

比较运算符一般用于两个数值或表达式的比较，返回一个布尔值。常用的比较运算符见表6-5。

表6-5　比较运算符

比较运算符	描述
>	大于，如果>前面的值大于后面的值，则返回True，否则返回False
<	小于，如果<前面的值小于后面的值，则返回True，否则返回False
==	等于，如果==两边的值相等，则返回True，否则返回False
>=	大于等于（等价于数学中的≥），如果>=前面的值大于或者等于后面的值，则返回True，否则返回False
<=	小于等于（等价于数学中的 ≤），如果<=前面的值小于或者等于后面的值，则返回True，否则返回 False
!=	不等于（等价于数学中的≠），如果!=两边的值不相等，则返回True，否则返回False
is	判断两个变量所引用的对象是否相同，如果相同则返回True，否则返回False
is not	判断两个变量所引用的对象是否不相同，如果不相同则返回True，否则返回False

比较运算符示例代码如图6-11所示。

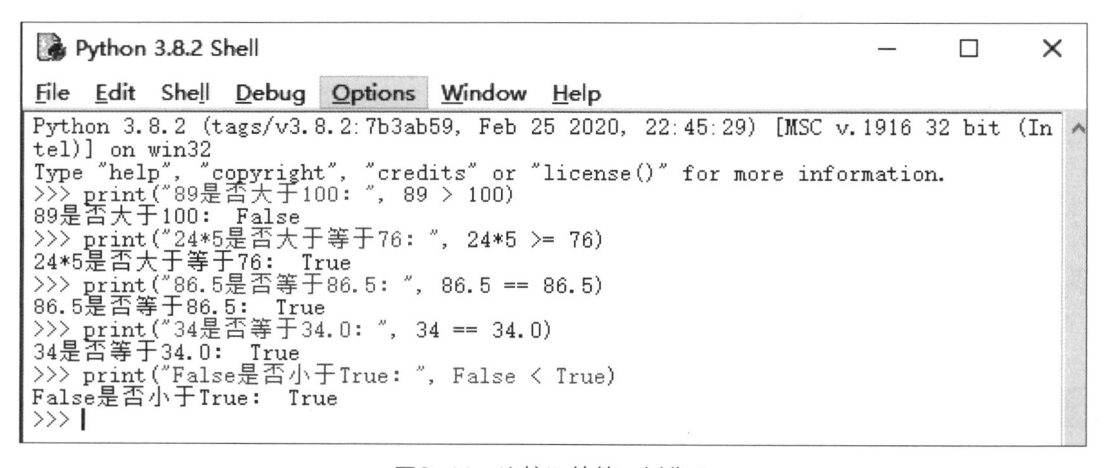

图6-11　比较运算符示例代码

（4）位运算符

位运算符允许对整型数中指定的位进行置位，只能用来操作整数类型，它按照整数在内存中的二进制形式进行计算。常用的位运算符见表6-6。

表6-6　常用的位运算符

<table>
<tr><th>运算符</th><th>描述</th><th>使用形式</th><th>举例</th></tr>
<tr><td>&</td><td>按位与</td><td>a&b</td><td>4&5</td></tr>
<tr><td>|</td><td>按位或</td><td>a|b</td><td>4|5</td></tr>
<tr><td>^</td><td>按位异或</td><td>a^b</td><td>4^5</td></tr>
<tr><td>~</td><td>按位取反</td><td>~a</td><td>~4</td></tr>
<tr><td><<</td><td>按位左移</td><td>a<<b</td><td>4<<2，表示整数4按位左移2位</td></tr>
<tr><td>>></td><td>按位右移</td><td>a>>b</td><td>4>>2，表示整数4按位右移2位</td></tr>
</table>

（5）逻辑运算符

逻辑运算符包含and、or和not，具体含义见表6-7。

表6-7　逻辑运算符

逻辑运算符	含义	基本格式	说明
and	逻辑与运算，等价于数学中的“且”	a and b	当a和b两个表达式都为真时，a and b的结果才为真，否则为假
or	逻辑或运算，等价于数学中的“或”	a or b	当a和b两个表达式都为假时，a or b的结果才是假，否则为真
not	逻辑非运算，等价于数学中的“非”	not a	如果a为真，那么not a的结果为假；如果a为假，那么not a的结果为真。相当于对a取反

3．数据类型

在Python 3中，数据类型有6个标准的数据类型，其中不可变数据类型分别是Number（数字）、String（字符串）、Tuple（元组）；可变数据类型分别是List（列表）、Dictionary（字典）、Set（集合），具体见表6-8。

表6-8　数据类型

数据类型	包含类型	描述	示例
Number	int	整数	8、1、102
	float	浮点型	1.1、2.1
	bool	布尔型	true、false
	complex	复数	1+2j、1.23j
String		字符串，用单引号'或双引号"括起来，同时使用反斜杠\转义特殊字符	str ='Runoob'
Tuple		元组，元组的元素不能修改。元组写在小括号（ ）里，元素之间用逗号隔开	tuple =（'abcd'，786，2.23，'runoob'，70.2）
List		列表，是写在方括号[ ]之间、用逗号分隔开的元素列表	tinylist = [123，'runoob']
Dictionary		字典，字典用{ }标识，它是一个无序的键（key）：值（value）的集合	dict = { } tinydict = {'name': 'runoob'，'code':1}
Set		集合，可以使用大括号{ }或者set（ ）函数创建集合	parame = {value01，value02，…} 或者set（value）

在Python中，可以实现数值类型的相互转换，使用的内置函数包含int()、float、bool()、complex()。使用转换函数的示例代码如图6-12所示。

```
>>> Int(1.32);int(0.13);int(-1.32);int()
Bool(1);bool(0)
>>>  complex(2,3)
(2+3j)
```

图6-12　转换函数效果图

4．基本输入

Python 3使用input()函数输入数据，其基本语法格式如下。

```
变量 = input('提示字符串')
```

其中，变量和提示字符串均可省略。示例代码如图6-13所示。

```
>>> a=input('请输入数据：')
请输入数据：'abc' 123,456 "python"
>>> a
'\'abc\' 123,456 "python"'
>>> 
```

图6-13　基本输入效果

5．基本输出

Python 3使用print()函数输出数据，其基本语法格式如下。

```
print([obj1,...][,sep=' '][,end='\n'][,file=sys.stdout])
```

（1）省略所有参数

print()函数的所有参数均可省略。无参数时，print()函数输出一个空行，示例代码如下。

```
>>> print()
```

（2）输出一个或多个数据

print()函数可同时输出一个或多个数据，示例代码如图6-14所示。

```
>>> print(123,'abc',45,'book')
123 abc 45 book
>>> print(123)
123
>>> 
```

图6-14　输出一个或多个数据

在输出多个数据时，默认使用空格作为输出分隔符。

（3）指定输出分隔符

print()函数的默认输出分隔符为空格，可用sep参数指定分隔符号，示例代码如图6-15所示。

```
>>> print(123,'abc',45,'book',sep='#')
123#abc#45#book
>>> 
```

图6-15　输出指定分隔符

（4）指定输出结尾符号

print()函数默认以回车换行符号作为输出结尾符号，即在输出所有数据后会换行。后续的print()函数在新行中继续输出。可以用end参数指定输出结尾符号，示例代码如图6-16所示。

```
>>> print('price');print(100)
price
100
>>> print('price',end='_');print(100)
price_100
>>> 
```

图6-16　指定输出结尾符号

说明：默认输出结尾，两个数据输出在两行，指定下画线为输出结尾，两个数据输出在一行。

（5）输出到文件

print()函数默认输出到标准输出流，即sys. stdout。

在Windows命令提示符窗口运行Python程序或在交互环境中执行命令时，print()函数将数据输出到命令提示符窗口。

可用file参数指定将数据输出到文件，示例代码如下。

```
>>> file1=open(r'd:\data.txt','w')          #打开文件
>>> print(123,'abc',45,'book',file=file1)  #用file参数指定输出文件
>>> file1.close()                           #关闭文件
```

6. 函数

函数由若干条语句组成，用于实现某一特定的功能。函数包括函数名、函数体、参数以及返回值。在Python语言中，不仅包括丰富的系统函数，还允许自定义函数。函数调用语法为:

```
functionName(parm1)
```

其中functionName表示函数名称，parm1表示参数名称，函数示例如图6-17所示。

```
>>> abs(-1)
1
```

图6-17　函数示例

（1）内置函数

在Python中系统提供了很多内置函数，主要包含数学运算函数、字符串处理函数以及其他函数。

1）数学运算。

① abs（）：返回数字的绝对值。

② pow（x，y）：返回x的y次幂。

③ round（）：返回浮点数x的四舍五入值。

④ divmod（）：把除数和余数运算结果结合起来，返回一个包含商和余数的元组（a // b，a % b）。

2）大小写转换。

① lower（）：转换为小写。

② upper（）：转换为大写。

3）判断字符串中字符的类型。

① isdecimal（）：如果字符串中只包含十进制数字则返回True，否则返回False。

② isdigit（）：如果字符串中只包含数字则返回True，否则返回False。

③ isnumeric（）：如果字符串中只包含数字则返回True，否则返回False（这种方法只针对Vnicode对象）。

④ isalpha（）：如果字符串中至少有一个字符，并且所有字符都是字母则返回True，否则返回False。

⑤ isalnum（）：如果字符串中至少有一个字符，并且所有字符都是字母或数字则返回True，否则返回False。

4）填充字符串。

① ljust（width，fillchar=None）：使用字符fillchar以左对齐方式填充至指定长度的新字符串，默认的填充字符为空格。如果width小于原字符串的长度则返回原字符串。

② center（width，fillchar=None）：使用字符fillchar以居中对齐方式填充字符串，使其长度变为width。

③ rjust（width，fillchar=None）：使用字符fillchar以右对齐方式填充字符串，使其长度变为width。

5）从字符串中搜索子串。

① find（sub，start=None，end=None）。

② index（sub，start=None，end=None）。

6）判断字符串的前缀和后缀。

① startswith（prefix，start=None，end=None）：判断字符串前缀。

② endswith（suffix，start=None，end=None）：判断字符串后缀。

7）替换字符串。

replace（old，new，count=None）。

8）分隔字符串。

split（sep=None，maxsplit=-1）。

（2）自定义函数

在Python中，自定义函数使用def关键字定义，其后紧跟函数名，括号内包含将要在函数体中使用的形式参数，简称形参，定义语句以冒号（ ： ）结束。语法格式如下。

```
def 函数名（函数列表）:
    函数体
```

说明：参数列表可以为空，也可以包含多个参数，多个参数之间使用逗号隔开。函数体可以包含一条或多条语句。

示例：创建一个函数PrintHello()，该函数的功能是打印“hello python”，代码如图6-18所示。

```
>>> def PrintHello():
        print('hello python')


>>> PrintHello()
hello python
>>>
```

图6-18 PrintHello()函数效果

7．条件语句

条件语句属于分支结构，掌握条件语句的使用方式，可以选择让程序执行指定的代码块。

条件语句有三种形式结构，具体如下。

（1）“if”语句结构

if语句是最常用的条件语句，语法格式如下。

```
if 条件:
    语句
```

if语句的执行流程如图6-19所示。

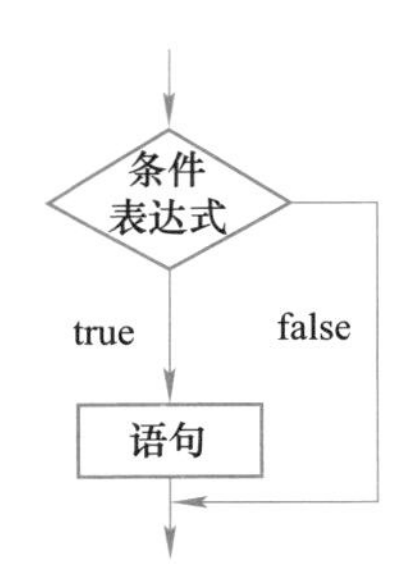

图6-19　if语句的执行流程

说明：在“if”语句结构中，条件为真时（也就是布尔值为true）执行语句，当条件为假时（也就是布尔值为false），不执行语句块A。

（2）“if…else…”语句结构

在分支流程中，可以将if语句和else语句相结合，指定不满足条件时所执行的语句，其语法结构如下。

```
if 条件语句:
    语句组1
else
    语句组2
```

在“if…else…”语句结构中，若表达式为真，则执行语句块1，否则就会执行语句块2。执行流程如图6-20所示。

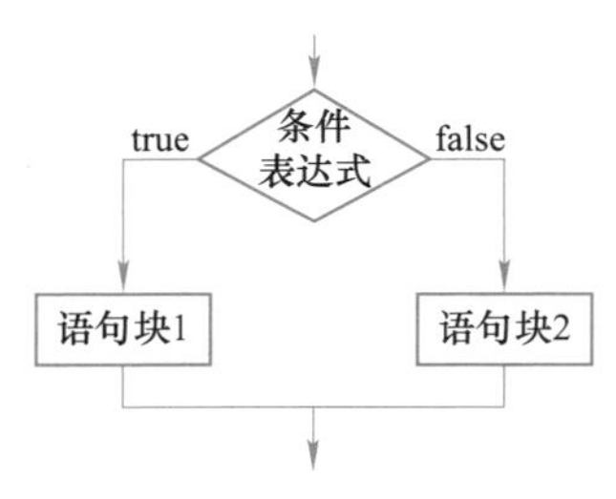

图6-20　if…else执行流程

示例：使用if…. else语句实现面试资格确认应用案例。代码如下。

```
age=24
subject="计算机"
college="非重点"
if (age > 25 and subject=="电子信息工程") or \
    (college=="重点" and subject=="电子信息工程" ) or \
    (age<=28 and subject=="计算机"):
     print("恭喜，你已获得我公司的面试机会!")
else:
     print("抱歉，你未达到面试要求")
```

代码解析：通过条件语句简单模拟面试资格的确认，当面试者年龄大于25岁并且专业是电子信息工程或者是重点学校并且专业是电子信息工程或者年龄小于28岁并且是计算机专业的人员可以通过公司面试，否则未达到公司面试要求。具体效果如图6-21所示。

```
==================== RESTART: C:\Users\pc\Desktop\demo.py ====================
恭喜，你已获得我公司的面试机会!
>>>
```

图6-21　面试资格确认效果图

8. 循环语句

掌握条件语句后，发现当条件为真或假时，将执行对应的语句块，但是怎样才能重复执行多次呢？此时需要使用循环语句。循环语句属于循环结构，需要重复执行语句块时必须要用到它。循环语句结构有“while”循环和“for”循环，具体形式结构如下。

（1）while循环

while循环语法结构如下。

```
while 表达式A:
    循环语句块
```

在“while”循环中，当表达式A为真时（也就是布尔值True），则会一直执循环语句块，当表达式A为假时（也就是布尔值Flase），则会不执行或者跳出while循环。需要注意，表达式A后面的冒号“：”不能省略，语句块A要注意缩进的格式。

示例：通过while循环语句实现100以内的自然数求和。代码如下。

```
#_*_coding:utf-8_*_
sum1=0
cou=1
while cou<100:
    sum1+=cou
    cou+=1
print("100以内的自然数的和为:"+str(sum1))
```

代码解析：使用“while”循环语句求100以内的自然数累加和。效果如图6-22所示。

```
==================== RESTART: C:\Users\pc\Desktop\demo.py ====================
100以内的自然数的和为:4950
>>>
                                                              Ln: 96  Col: 4
```

图6-22　100以内的自然数累加和

（2）for循环

当循环次数固定时，可以使用for语句实现。for语句的基本结构如下。

```
for 取值 in 序列或迭代对象:
    语句块
```

在for循环中，可遍历一个序列或迭代对象的所有元素。具体实现如下。

```
for i in range(M，N):
    循环语句块
```

函数range（M，N）会生成一个M到（N-1）个数字的列表，for循环就会循环N-1-M次，循环语句块会执行N-1-M次。

任务3 提取分解数据

任务描述

本任务是通过学习XML数据操作和JSON数据操作，使用xml. dom解析XML文件，并使用JSON方法读取JSON文件。实现本任务的思路如下。

1）准备XML文件。

2）使用xml. dom解析XML文件。

3）使用JSON方法读取JSON文件。

扫码看视频

任务步骤

第一步：准备XML文件，保存为text. xml。部分代码如下。

```
<?xml version="1.0" encoding="utf-8" ?>
<!--this is a test about xml.-->
<collection shelf="New Arrivals">
<movie title="Enemy Behind">
   <type>War, Thriller</type>
```

```
    <format>DVD</format>
    <year>2003</year>
    <rating>PG</rating>
    <stars>10</stars>
    <description>Talk about a US-Japan war</description>
</movie>
```

第二步：创建test. py，使用xml. dom解析xml。

```
from xml.dom.minidom import parse
#minidom解析器打开XML文档并将其解析为内存中的一棵树
DOMTree=parse(r'move.xml')
#获取XML文档对象，就是拿到树的根
collection=DOMTree.documentElement
if collection.hasAttribute('shelf'):
        #判断根节点collection是否有shelf属性,有则获取并打印属性值
        print('Root element is ',collection.getAttribute('shelf'))

#获取所有的movies节点
movies=collection.getElementsByTagName('movie')

#遍历集合，打印每部电影的详细信息
for movie in movies:
        print ("******************movie******************")
        my_list=[]
        if movie.hasAttribute('title'):
                print ('title is ',movie.getAttribute('title'))
        for node in movie.childNodes:
                my_list.append (node.nodeName)
        type=movie.getElementsByTagName('type')[0]
        print ('type is ',type.childNodes[0].data)
        format=movie.getElementsByTagName('format')[0]
        print ('format is ',format.childNodes[0].data)

        if 'year' in my_list:
                year=movie.getElementsByTagName('year')[0]
                print ('year is ',year.childNodes[0].data)

        rating=movie.getElementsByTagName('rating')[0]
        print ('rating is ',rating.firstChild.data)
```

```
    stars=movie.getElementsByTagName('stars')[0]
    print ('stars is ',stars.childNodes[0].data)

    description=movie.getElementsByTagName('description')[0]
    print ('description is ',description.childNodes[0].data)
```

第三步：运行test. py，查看效果，如图6-23所示。

```
Python 3.8.2 Shell
File  Edit  Shell  Debug  Options  Window  Help
Python 3.8.2 (tags/v3.8.2:7b3ab59, Feb 25 2020, 22:45:29) [MSC v.1916 32 bit (In
tel)] on win32
Type "help", "copyright", "credits" or "license()" for more information.
>>>
================== RESTART: C:\Users\pc\Desktop\python\test.py ==================
Root element is  New Arrivals
*******************movie*******************
title is  Enemy Behind
type is  War, Thriller
format is  DVD
year is  2003
rating is  PG
stars is  10
description is  Talk about a US-Japan war
*******************movie*******************
title is  Transformers
type is  Anime, Science Fiction
format is  DVD
year is  1989
rating is  R
stars is  8
description is  A schientific fiction
*******************movie*******************
title is  Trigun
type is  Anime, Action
format is  DVD
rating is  PG
stars is  10
description is  Vash the Stampede!
*******************movie*******************
title is  Ishtar
type is  Comedy
format is  VHS
rating is  PG
stars is  2
description is  Viewable boredom
>>>
```

图6-23　运行效果图

第四步：使用JSON方法读取JSON文件。

```
//引入json文件
import json
//使用open函数打开test.json文件
file = open('test.json','w',encoding='utf-8')
data1 = {'name':'john','age':12}
data2 = {'name':'merry','age':13}
data = [data1,data2]
print(data)
```

```
//写入文件
json.dump(data,file,ensure_ascii=False)
file.close()
file = open('test.json','r',encoding='utf-8')
s = json.load(file)
print (s[0]['name'])
```

运行结果如图6-24所示。

```
Python 3.8.2 Shell
File Edit Shell Debug Options Window Help
Python 3.8.2 (tags/v3.8.2:7b3ab59, Feb 25 2020, 22:45:29) [MSC v.1916 32 bit (In
tel)] on win32
Type "help", "copyright", "credits" or "license()" for more information.
>>>
=============== RESTART: C:\Users\pc\Desktop\python\json\test.py ===============
[{'name': 'john', 'age': 12}, {'name': 'merry', 'age': 13}]
john
>>>
```

图6-24　运行结果

1．XML数据操作

（1）XML的概念

XML（可扩展标记语言，eXtensible Markup Language）可以存储和传输数据，还可以用作配置文件。它类似于HTML。HTML所有的标签都是预定义的，而XML的标签可以随便定义。

XML元素是指开始标签到结束标签部分，一个元素可以包含其他的元素、属性和文本。示例代码如下。

```
//包含其他元素
<aa>
    <bb></bb>
</aa>
//包含相关属性
<a id='132'></a>
//包含文本内容
<a >abc</a>
```

在使用XML时，需要遵循XML的语法规则，XML的语法规则如下。

- 所有的元素都必须有开始标签和结束标签，省略结束标签是非法的。
- 大小写敏感。
- XML文档必须有根元素。
- XML必须正确嵌套，父元素必须完全包住子元素。
- XML属性值必须加引号，元素的属性值都是一个键值对形式。

（2）使用DOM解析数据

使用DOM解析数据常用的方法见表6-9。

表6-9 使用DOM解析数据常用的方法

方法	描述
minidom.parse(filename)	加载读取XML文件
doc.documentElement	获取XML文档对象
node.getAttribute(AttributeName)	获取XML节点属性值
node.getElementsByTagName(TagName)	获取XML节点对象集合
node.childNodes	返回子节点列表
node.childNodes[index].nodeValue	获取XML节点值
node.firstChild	访问第一个节点，等价于pagexml.childNodes[0]
root.nodeName/root.tagName	节点的名称
root.nodeValue	节点的值，文本节点才有值，其他节点返回的是None
root.nodeType	节点的类型

2．JSON数据操作

（1）什么是JSON

JSON（JavaScript Object Notation）是一种轻量级的数据交换格式，主要用于前端数据和后端数据进行交互，也就是JS和Python进行数据交互。使用JSON进行数据交互的流程如图6-25所示。

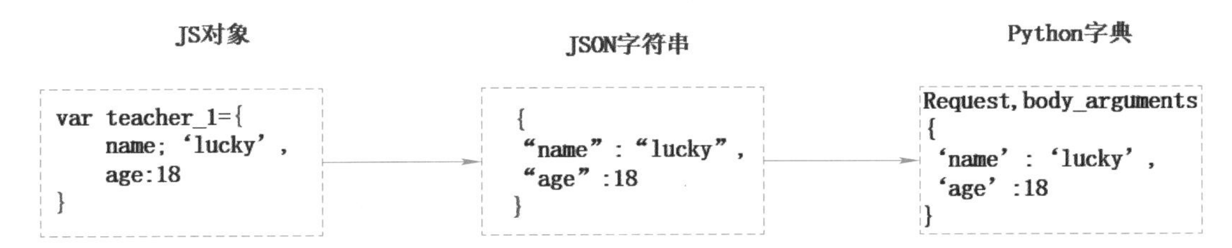

图6-25 使用JSON进行数据交互的流程

说明：名称必须用双引号来包括；值可以是双引号包括的字符串、数字、true、false、null、JavaScript数组或子对象。

（2）JSON中常用的方法

在使用JSON这个模块前，首先要导入JSON库：import json。它的常用方法见表6-10。

表6-10　JSON的常用方法

方法	描述
json.dumps()	将 Python 对象编码成 JSON 字符串
json.loads()	将已编码的 JSON 字符串解码为 Python 对象
json.dump()	将Python内置类型序列化为json对象后写入文件
json.load()	读取文件中json形式的字符串元素并转化为Python类型

任务4　编写TCP通信程序

素养提升

计算机网络的发展史是人类社会进步与发展的缩影，从面向终端的计算机系统发展到今天覆盖全球的互联网，无不归功于卓越科学家的科技创新成果。这些杰出的科学家身上具备的严谨求实、敢于质疑、勇于创新的科学精神，像一盏盏明灯，为我们指明了正确的方向。我们应以科学家为榜样，树立献身科学的伟大志向。

任务描述

本任务是学习网络通信相关模块及Python内置模块。通过对网络通信Socket模块的学习，编写TCP通信程序，实现简易客服机器人。任务思路如下。

1）搭建网络服务器。

2）搭建网络客户端。

扫码看视频

任务步骤

第一步：搭建网络服务器。代码如下。

```
import socket
from os.path import commonprefix
words = {'how are you?':'I\'m Fine,thank you.',
          'how old are you?':'23',
          'what is your name?':'jie',
          "what's your name?":'jie',
          'where do you work?':'Engineer',
          'bye':'Bye'}
s = socket.socket(socket.AF_INET, socket.SOCK_STREAM)
# 绑定socket
s.bind(('', 9000))
# 开始监听一个客户端连接
s.listen(1)
conn, addr = s.accept()
print('Connected by', addr)
# 开始聊天
while True:
    data = conn.recv(1024).decode()
    if not data:
        break
    print('Received message:', data)
    # 尽量猜测对方要表达的真正意思
    m = 0
    key = ''
    for k in words.keys():
        # 删除多余的空白字符
        data = ' '.join(data.split())
        # 与某个"键"非常接近，就直接返回
        if len(commonprefix([k, data])) > len(k)*0.7:
            key = k
            break
        # 使用选择法，选择一个重合度较高的"键"
        length = len(set(data.split())&set(k.split()))
        if length > m:
            m = length
            key = k
    # 选择合适的信息进行回复
    conn.sendall(words.get(key, 'Sorry.').encode())
conn.close()
s.close()
```

第二步：搭建网络客户端。代码如下。

```
import socket
import sys
# 服务端主机的IP地址和端口号
HOST = '127.0.0.1'
PORT = 9000
s = socket.socket(socket.AF_INET, socket.SOCK_STREAM)
try:
    # 连接服务器
    s.connect((HOST, PORT))
except Exception as e:
    print('Server not found or not open')
    sys.exit()
while True:
    c = input('Input the content you want to send:')
    # 发送数据
    s.sendall(c.encode())
    # 从服务端接收数据
    data = s.recv(1024)
    data = data.decode()
    print('Received:', data)
    if c.lower() == 'bye':
        break
# 关闭连接
s.close()
```

代码解析：服务端程序启动后开始监听。客户端程序启动后，服务端提示连接已建立，并输出连接的客户端的IP及端口。在客户端输入要发送的信息后，服务端会根据提前建立的字典自动回复。服务端每次都在固定的端口进行监听，而客户端每次建立连接时可能会使用不同的端口。

socket模块

Python提供了两个级别访问的网络服务，其中低级别的网络服务支持基本的socket，可以访问底层操作系统socket接口的全部方法。

“socket”模块也叫作嵌套字模块，是双向通信信道的端点，可以在一个进程内、在同一机器上的进程之间或者在不同主机的进程之间进行通信，主机可以是任何一台连接互联网的机器。

在Python中，使用socket()函数来创建套接字，语法格式如下。

```
socket.socket([family[, type[, proto]]])
```

其中：family为套接字家族，可以使用AF_UNIX或者AF_INET。

type为套接字类型，可以根据是面向可靠连接的还是面向不可靠连接的分为SOCK_STREAM或SOCK_DGRAM。

protocol一般不填，默认为0。

嵌套字主要包括两部分：服务器嵌套字和客户端嵌套字。服务器嵌套字创建后就必须一直开启，等待客户端服务器连接，同时处理多个连接，连接完成后可以进行通信。客户端嵌套字创建后只需要连接服务器，发送数据，然后断开连接。服务器端套接字方法见表6-11。客户端套接字方法见表6-12。

表6-11　服务器端套接字方法

方法	描述
s.bind()	绑定地址（host，port）到套接字， 在AF_INET下，以元组（host，port）的形式表示地址
s.listen()	开始TCP监听。backlog指定在拒绝连接之前操作系统可以挂起的最大连接数量。该值至少为1，大部分应用程序设为5就可以了
s.accept()	被动接受TCP客户端连接，（阻塞式）等待连接的到来

表6-12　客户端套接字方法

方法	描述
s.connect()	主动初始化TCP服务器连接，一般address的格式为元组（hostname，port），如果连接出错，则返回socket.error错误
s.connect_ex()	connect()函数的扩展版本，出错时返回出错码而不是抛出异常

拓展任务

使用Python开发一个猜数小游戏。在游戏中，程序每一轮会随机生成一个0～1024的数字，用户输入猜测的数字，程序告诉用户猜大了还是猜小了。在一定次数内猜对则本轮用户获胜，否则本轮用户失败。每一轮开始时，程序会要求用户输入用户名。程序会一直运行，直到用户输入“3”停止游戏。在每一轮游戏开始前输入“1”可以查看用户的输入历史。任务思路如下。

1）随机生成数字，涉及Python的随机数模块。

2）用户输入数字，程序输出结果，涉及Python的输入及输出模块。

3）程序会自动开始下一轮，涉及Python的循环模块。

4）判断用户的输入，涉及Python的条件判断。

5）查询用户的输入历史，涉及Python的字典和列表。

项目总体评价

通过学习本项目，检查自己是否掌握了以下技能，在技能检测表中标出已掌握的技能。

评价标准	个人评价	小组评价	教师评价
能够安装Python环境			
能够使用Python基本语法实现投掷骰子游戏			
能够对XML文件进行提取拆分			
能够对JSON数据进行提取拆分			
能够使用socket进行网络通信			

备注：A为能做到，B为基本能做到，C为部分能做到，D为基本做不到。

练习题

一、填空题

1．Python中用来告知解释器跳过当前循环中的剩余语句，然后继续进行下一轮循环，此关键词是________。

2．编程语言通常有固定的后缀，如golang文件是"test. go"，Python文件的后缀通常定义为以________结尾。

3．Python 3解释器执行'AB2C3D'. lower(). title()的结果是________。

4．现有列表 l=[1，2，3，4，5，6，7，8，9，0]，那么Python 3解释器执行l[3::-

1] 的结果是________。

二、选择题

1．Python的设计具有很强的可读性，相比其他语言具有的特色语法有以下选项，正确的是（　　）。

A．交互式　　B．解释型　　C．面向对象　　D．服务端语言

2．Python中==运算符比较两个对象的值，下列选项中哪一个是is比较对象的因素（　　）。

A．id()　　B．sum()　　C．max()　　D．min()

3．在Python中，数字类型共包括以下哪几种类型（　　）。

A．int　　B．float　　C．complex　　D．bool

4．Python崇尚优美、清晰，是一个优秀并广泛使用的语言，得到行内众多领域的认可，下列属于Python主要应用领域的是（　　）。

A．系统运维　　B．科学计算、人工智能

C．云计算　　D．金融量化

5．当知道条件为真，想要程序无限执行直到人为停止，可以使用下列哪个选项（　　）。

A．for　　B．break　　C．while　　D．if

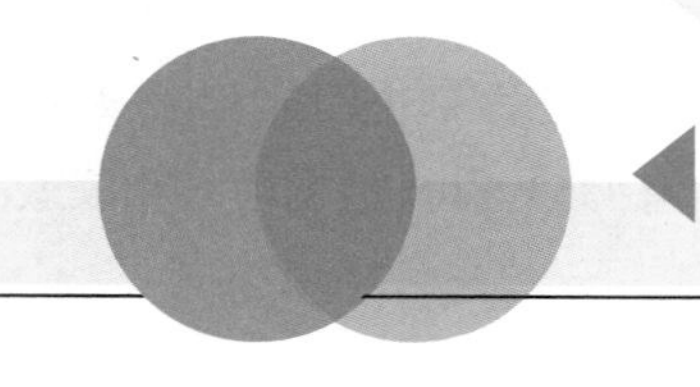

Project 7

项目 7 爬取网络数据

项目情境

经理：小张，Python基础学习完之后，你去调研使用什么技术实现爬取网络数据比较好？

小张：经理，经过查阅资料，发现多种框架和Python库，在不使用框架的情况下可以使用Requests或者urllib模块。

经理：你了解Requests或者urllib模块吗？

小张：不了解。

经理：抓紧时间学习一下吧，了解爬虫的相关概念，后面有一项任务需要爬取网络数据。

小张：好的，没问题。

经理：学习过程中最好通过1、2个案例来检验一下是否学会网络爬虫了。

小张：好的。

小张和经理谈完话后，学习网络爬虫的相关概念，学习Requests或者urllib模块，打算用来爬取网络数据，并把爬取的数据在数据库中进行保存。

学习目标

【知识目标】

- 了解网络爬虫的概念
- 了解网络爬虫的类型
- 了解网络爬虫的应用
- 掌握网络爬虫的相关法律
- 掌握网络爬虫的实现
- 掌握requests库的相关语法

- 掌握urllib模块的相关概念
- 掌握CSV数据写入和读取的方法
- 掌握MySQL数据写入和读取的方法

【技能目标】

- 能够成功安装requests库
- 能够使用requests库爬取小说网站
- 能够将爬取的数据保存为多种格式

任务1 使用requests库爬取网站

素养提升

在国家发生一些重大危机的时候，一些人秉承救死扶伤的原则，义无反顾地救人；但还有一些人在趁此储存大量的物资，发国难财。这些人太看重金钱，从事违法和违纪的事情。在数据的采集阶段，应用爬虫技术是一种按照一定标准制作程序流程脚本，自动请求互联网网站并获取数据网络（仅用于发布）。但是，如果该应用程序的使用不正当，则会带来违反法律的风险，例如，不遵循爬虫协议，以敏感的长宽比获取某些信息内容以及利用商业活动来赚钱。网络爬虫技术是一把双刃剑，只有正确使用它们，才能发挥更大的作用。

任务描述

本任务是使用requests库爬取网站，再将其中的内容爬取下来，保存在本地。实现本任务的思路如下。

1）使用requests库获取网页源代码。

2）使用正则表达式获取内容。

3）使用文件进行操作。

扫码看视频

任务步骤

第一步：打开网站，找到“警世通言”的位置，如图7-1所示。

第二步：使用requests获取网页源代码。

```
start_url = 'http://www.kanunu8.com/files/old/2011/2512.html'
def get_source(url):
    """
    获取网页源代码。
    :param url: 网址
    :return: 网页源代码
    """
    html = requests.get(url)
    return html.content.decode('gbk') #这个网页需要使用gbk方式解码才能让中文正常显示
```

图7-1 “警世通言”网站

第三步：单击鼠标右键，在弹出的快捷菜单中选择“查看网页源代码”命令，如图7-2所示。

第四步：单击之后效果如图7-3所示。

由于网址存在于<a>标签中，但<a>标签本身没有特殊的标识符来区分章节的链接和其他普通链接，因此需要使用先抓大再抓小的技巧。

警世通言

来源： 作者：冯梦龙 发布时间：2011-04-14

返回(B) Alt+向左箭头
前进(F) Alt+向右箭头
重新加载(R) Ctrl+R
另存为(A)... Ctrl+S
打印(P)... Ctrl+P
投射(C)...
翻成中文（简体）(T)
查看网页源代码(V) Ctrl+U
检查(N) Ctrl+Shift+I

第一卷 俞伯牙摔琴谢知音	第二卷	石三难苏学士
第四卷 拗相公饮恨半山堂	第五卷	举题诗遇上皇
第七卷 陈可常端阳仙化	第八卷	仙醉草吓蛮书
第十卷 钱舍人题诗燕子楼	第十一	瞅儿双镜重圆
第十三卷 三现身包龙图断冤	第十四	令史美婢酬秀童
第十六卷 小夫人金钱赠年少	第十七	门生三世报恩
第十九卷 崔衙内白鹞招妖	第二十卷 计押番金鳗产祸	第二十一卷 赵太祖千里送京娘
第二十二卷 宋小官团圆破毡笠	第二十三卷 乐小舍弃生觅偶	第二十四卷 玉堂春落难逢夫

图7-2 查看网页源代码

```
▼<table width="98%" border="0" align="center" cellpadding="0" cellspacing="0">
  ▼<tbody>
    ▼<tr>
      ▼<td height="20" valign="top">
        ▼<table border="0" cellspacing="1" cellpadding="8" width="650" bgcolor="#d4d0c8" align="center">
          ▼<tbody>
            ▼<tr align="center" bgcolor="#ffffcc">
              ▼<td colspan="4" align="center">
                  <strong>正文</strong>
                </td>
              </tr>
            ▼<tr bgcolor="#ffffff">
              ▼<td width="33%">
                  <a href="2512/73862.html">第一卷 俞伯牙摔琴谢知音</a>
                </td>
              ▼<td width="33%">
                  <a href="2512/73863.html">第二卷 庄子休鼓盆成大道</a>
                </td>
              ▼<td width="33%">
                  <a href="2512/73864.html">第三卷 王安石三难苏学士</a>
                </td>
              </tr>
            ▼<tr bgcolor="#ffffff">
              ▼<td>
                  <a href="2512/73865.html">第四卷 拗相公饮恨半山堂</a>
                </td>
              ▼<td>
                  <a href="2512/73866.html">第五卷 吕大郎还金完骨肉</a>
                </td>
              ▶<td>…</td>
```

图7-3 效果

构造正则表达式，先提取出包含每一章链接的一大块内容，再对这一大块内容使用正则表达式提取出网址。由于源代码中的网址使用的是相对路径，因此需要手动拼接为绝对路径，代码如下。

```
def get_toc(html):
    """
    获取每一章链接，储存到一个列表中并返回。
    :param html: 目录页源代码
    :return: 每章链接
    """
```

```
    toc_url_list = []
    toc_block = re.findall('正文(.*?)</tbody>', html, re.S)[0]
    toc_url = re.findall('href="(.*?)"', toc_block, re.S)
    for url in toc_url:
        toc_url_list.append('https://www.kanunu8.com/files/old/2011/' + url)
    name=re.findall('<h2><b>(.*?)</b></h2>', html, re.S)[0]
    return toc_url_list,name
```

第五步：单击“第一卷”，查看源代码，如图7-4所示。

```
▼<table width="880" border="0" align="center" cellpadding="0" cellspacing="0">
  ▼<tbody>
    ▼<tr>
      ▼<td width="880" height="60" align="center" bgcolor="#FFFFFF">
        ▼<h2>
           <font color="#dc143c">第一卷  俞伯牙摔琴谢知音</font>
         </h2>
       </td>
     </tr>
    ▶<tr>…</tr>
   </tbody>
 </table>
▼<table width="880" border="0" align="center" cellpadding="0" cellspacing="0" style="height: auto !important;">
  ▼<tbody>
    ▼<tr style="height: auto !important;">
       <td width="30" height="23" align="center" bgcolor="#FFFFFF"></td>
      ▼<td width="820" align="left" bgcolor="#FFFFFF" style="height: auto !important;">
        ▼<p style="height: auto !important;">
           "
              浪说曾分鲍叔金，谁人辨得伯牙琴！"
           <br>
           <br>
           "
              干今交道好如鬼，湖海空悬一片心。"
           <br>
           <br>
           "
              古来论文情至厚，莫如管鲍。管是管夷吾，鲍是鲍叔牙。他两个同为商贾，得利均分。时管夷吾多取其利，叔牙不以为贪，
           知其贫也，后来管夷吾被囚，叔牙脱之，荐为齐相。这样朋友，才是个真正相知。这相知有几样名色：恩德相结者，谓之知己
           腹心相照者，谓之知心；声气相求嗜，谓之知音，总来叫做相知。"
           <br>
           <br>
           "
```

图7-4　第一卷源代码

搜索源代码中的<p>标签和</p>标签，发现它刚好有一对，正好包裹着正文。而正文中的
标签没有必要用正则表达式来去除，直接使用字符串的replace()方法把其替换为空即可。代码如下。

```
def get_article(url):
    """
    获取每一卷的正文并返回卷名和正文。
    :param html: 正文源代码
    :return: 卷名，正文
    """
    html = requests.get(url).content.decode('gbk')
    chapter_name = re.findall('<td width="880" height="60" align="center" bgcolor="#FFFFFF">
<h2><font color="#dc143c"> (.*?)</font>', html, re.S)[0]
    text_block = re.findall('<p>(.*?)</p>', html, re.S)[0]
    text_block = text_block.replace('<br />', '')
    return chapter_name, text_block
```

第六步：保存数据到本地，代码如下。

```
def save(name,ChaptersAndSections,content):
    f = open('./'+url[1]+'/'+ChaptersAndSections+'.txt', mode='a+')
    f.write(content)
    f.close()
```

第七步：编写主函数，代码如下。

```
if __name__ == '__main__':
    html=get_source(start_url)
    url=get_toc(html)
    os.makedirs('./'+url[1])
    for i in url[0]:
        text=get_article(i)
        save(url[1],text[0], text[1])
```

第八步：运行项目，生成的文件如图7-5所示。

图7-5 生成的文件

知识储备

1．网络爬虫的概念

网络爬虫（Web Crawler）又称为网络蜘蛛（Web Spider）或网络机器人（Web

Robot），是模拟客户端（浏览器）发送网络请求、获取响应，并按照自定义的规则提取数据的程序，简单来说，就是发送与浏览器一样的请求，获取与浏览器所获取的一样的数据。网络爬虫本质上是一段计算机程序或脚本，其按照一定的逻辑和算法规则自动地抓取和下载互联网中的网页，是搜索引擎的一个重要组成部分。

2. 网络爬虫的类型

网络爬虫按照系统结构和实现技术大致可以分为4种：通用网络爬虫、聚焦网络爬虫、增量式网络爬虫、深层页面爬虫。

（1）通用网络爬虫

通用网络爬虫又称全网爬虫，爬行对象由一批种子URL扩充至整个Web，主要为门户站点、搜索引擎和大型Web服务提供商采集数据，在互联网中爬取目标资源，爬取数据巨大。

通用网络爬虫的基本构成：初始URL集合、URL队列、页面爬行模块、页面分析模块、页面数据库、链接过滤模块等。其爬行策略主要有深度优先爬行策略和广度优先爬行策略。

（2）聚焦网络爬虫

聚焦网络爬虫又称为主题网络爬虫，是指选择性地爬取那些与预先定义好的主题相关的网络爬虫。主要应用在对特定信息的爬取中，要为某一类特定的人群提供服务。

聚焦网络爬虫的基本构成：初始URL、URL队列、页面爬行模块、页面分析模块、页面数据库、连接过滤模块、内容评价模块、链接评价模块等。

（3）增量式网络爬虫

增量式网络爬虫是监测网站数据的更新情况爬取其更新的数据，对于未发生内容变化的网页不会爬取。增量式网络爬虫在一定程度上能够保证所爬取的页面尽可能是新页面。

（4）深层页面爬虫

Web页面按存在方式分为表层网页和深层网页。表层网页是传统搜索引擎可以索引的页面，是以超链接可以达到的静态网页为主的Web页面。深层网页是大部分内容不能通过静态链接获取的、隐藏在搜索表单后、只有用户提交一些关键词才能获得的Web页面。例如，那些用户注册后内容才可见的网页就属于深层页面。

3. 网络爬虫的用途

网络爬虫的应用十分广泛，不仅应用在搜索引擎上，用户和企业等分析网站都离不开。比如，通过如图7-6所示的百度新闻网站，可以通过搜索引擎搜索想获取的信息。

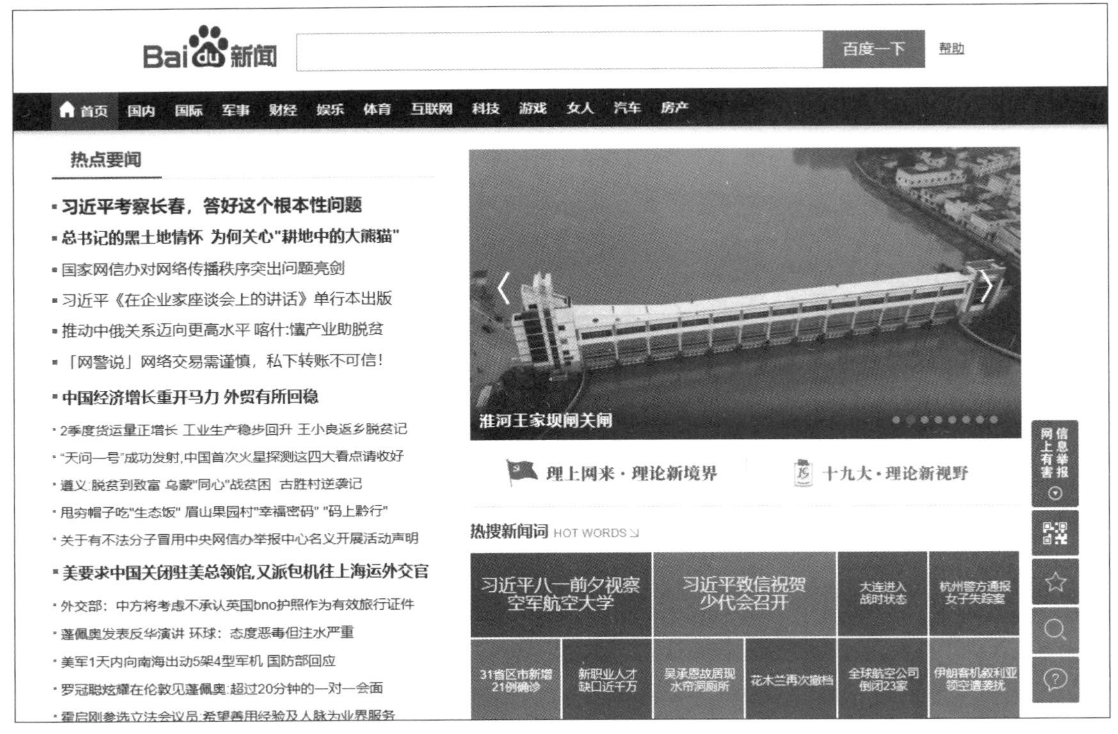

图7-6　百度新闻网站

通过如图7-7所示的百度风云榜界面可以看到新闻的实时排名、今日上榜的内容新闻等，这些都是对网络爬虫的数据进行分析统计得到的。

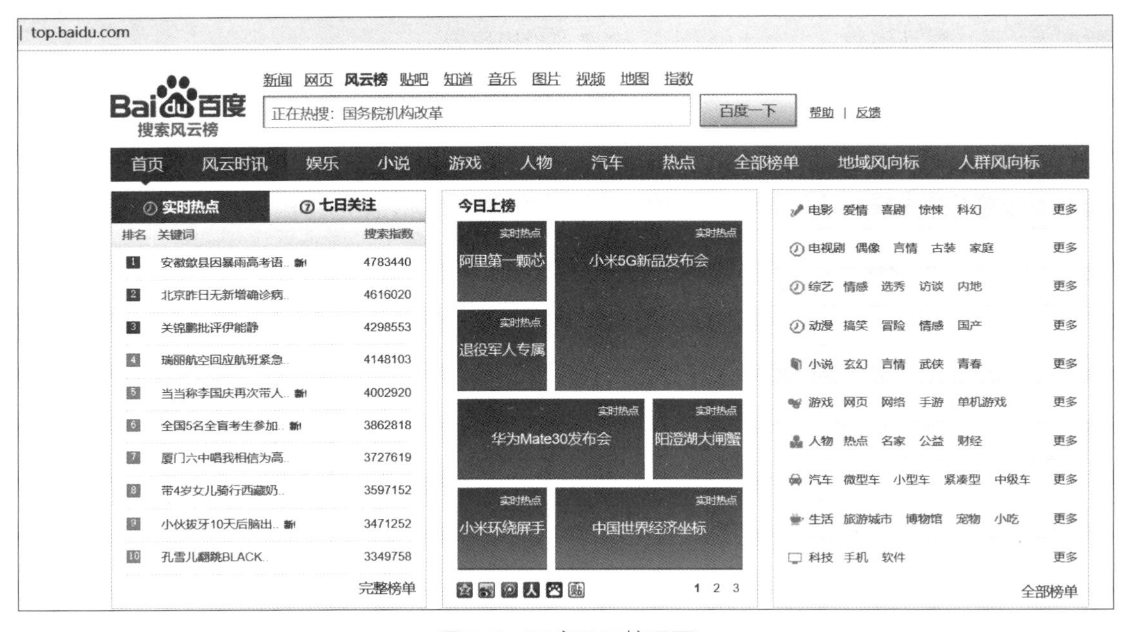

图7-7　百度风云榜界面

4. 法律法规

网络爬虫目前还处于早期的蛮荒阶段，“允许哪些行为”这种基本秩序还处于建设之中，从目前的实践来看，如果抓取数据的行为用于个人学习使用，通常不存在问题；而如果数据用来转载，则需要注意原创作品的版权问题。具体的法律法规见附录。

爬取数据时需要注意：请记住自己是该网站的访客，应当约束自己的抓取行为，否则他们可能会封禁你的IP，甚至采取进一步的法律行动。这就要求尽量不要高强度、高频率地下载数据。

另外，很多网站都会定义robots. txt文件，这可以让爬虫了解爬取该网站时存在哪些限制，下面的地址列出一些知名网站的robots. txt访问地址。

1）https://www. taobao. com/robots. txt。

2）https://www. jd. com/robots. txt。

3）https://www. amazon. com/robots. txt。

例如，通过访问京东的robots. txt内容，可以看出标识了哪些地址允许访问，哪些不允许，以及所允许的爬虫类别，如图7-8所示。

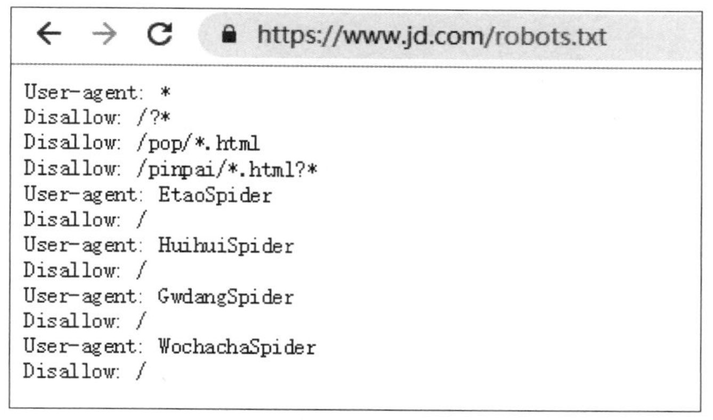
https://www.jd.com/robots.txt

```
User-agent: *
Disallow: /?*
Disallow: /pop/*.html
Disallow: /pinpai/*.html?*
User-agent: EtaoSpider
Disallow: /
User-agent: HuihuiSpider
Disallow: /
User-agent: GwdangSpider
Disallow: /
User-agent: WochachaSpider
Disallow: /
```

图7-8　京东的robots.txt内容

5. 爬虫实现

（1）爬虫的基本流程

用户获取网络数据有两种方式，一种是浏览器提交请求→下载网页代码→解析成页面；另一种是模拟浏览器发送请求（获取网页代码）→提取有用的数据→存放于数据库或文件中。爬虫一般是使用第二种方式。爬取流程如图7-9所示。

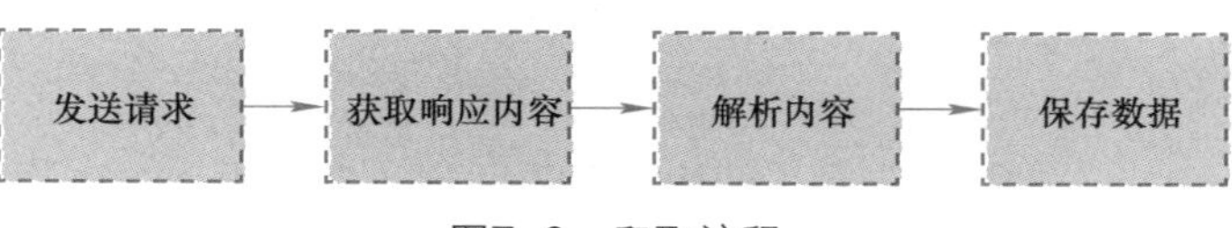

图7-9　爬取流程

1）发起请求。

在爬虫过程中一般使用HTTP库向目标站点发送请求，即发送一个Request，该请求中包含请求头和请求体。

请求头为user-agent：请求头中如果没有user-agent客户端配置，则服务端可能当作一个非法用户host；

请求体：如果是get方式，请求体没有内容（get请求的请求体放在URL后面参数中，直接能看到）；如果是post方式，请求体是format data。

2）获取响应内容。

如果发送请求成功，服务器能够正常响应，则会得到一个Response，包含HTML、JSON、图片、视频等。

3）解析内容。

响应的内容如果是HTML数据，则需要正则表达式（RE模块）、第三方解析库如Beautifulsoup、pyquery等解析。如果是JSON数据，需要使用JSON模块接续，如果是二进制文件，则需要以wb的方式写入文件。

4）保存数据。

解析完的数据可以保存在数据库中，常用的数据库有MySQL、MongoDB、Redis等，或者可以保存为JSON、Excel、txt文件。

（2）爬虫的主要框架

在Python中爬虫框架很多，常见的爬虫框架主要有Scrapy框架、Pyspider框架和CoB框架。

Scrapy框架是Python中最著名、最受欢迎的爬虫框架。它是一个相对成熟的框架，有着丰富的文档和开放的社区交流空间。Scrapy框架是为了爬取网站数据、提取结构性数据面编写的，可以应用在包括数据挖掘、信息处理或存储历史数据等一系列程序中。

Pyspider框架是国内的程序员编写的、用Python实现的、功能强大的网络爬虫系统，能在浏览器界面上进行脚本的编写、功能的调度和爬取结果的实时查询，后端使用常用的数据库进行爬取结果的存储，还能定时设置任务与任务优先级等。

CoB框架是一个分布式的爬虫框架，用户只需编写几个特定的函数，而无需关注分布式运行的细节，任务会被自动分配到多台机器上，整个过程对用户是透明的。

6. urllib模块

在Python 3.x中，把HTTP相关的所有包打包成了两个包：http和urllib。也就是说urllib和urllib2合成了一个urllib包。

HTTP会处理所有客户端——服务器HTTP请求的具体细节，其中：

1）client会处理客户端的部分。

2）server会协助编写Python web服务器程序。

3）cookies和cookiejar会处理cookie，cookie可以在请求中存储数据。

4）urllib是基于HTTP的高层库，无需安装即可使用，包含了4个模块：

① request：请求模块，用来处理客户端的请求。

② error：异常处理模块，如果出现错误则可以捕获这些异常。

③ parse：一个工具模块，提供了许多URL处理方法，如拆分、解析、合并等。

④ robotparser：主要用来识别网站的robots. txt，然后判断哪些网站可以爬。

（1）urllib. request. urlopen()

urllib. request. urlopen()是用来返回请求对象的，包含的方法和属性如下：

方法：read()、readinto()、getheader(name)、getheaders()、fileno()。

属性：msg、version、status、reason、bebuglevel、closed。

使用urllib. request. urlopen()方法的示例代码如下。

```
import urllib.request

response=urllib.request.urlopen('https://www.Python.org')
                                          #请求站点获得一个HTTP Response对象
print(response.read().decode('utf-8'))  #返回网页内容
print(response.getheader('server'))     #返回响应头中的server值
print(response.getheaders())            #以列表元组对的形式返回响应头信息
print(response.version)                 #返回版本信息
print(response.status)                  #返回状态码200，404代表网页未找到
print(response.debuglevel)              #返回调试等级
print(response.closed)                  #返回对象是否关闭布尔值
print(response.geturl())                #返回检索的URL
print(response.info())                  #返回网页的头信息
print(response.getcode())               #返回响应的HTTP状态码
print(response.msg)                     #访问成功则返回ok
print(response.reason)                  #返回状态信息
```

（2）urllib. request. Requset()

urllib. request. Requset()的语法格式如下。

```
urllib.request.Request(url,data=None,headers={},origin_req_host=None,unverifiable=False,method=None)
```

其中：url为请求的URL，必须传递的参数，其他都是可选参数。

data为上传的数据，必须传bytes字节流类型的数据，如果它是字典，可以先用urllib.parse模块里的urlencode()编码。

headers为一个字典，传递的是请求头数据，可以通过它构造请求头，也可以通过调用请求实例的方法add_header()来添加。

例如，修改User_Agent头的值来伪装浏览器，如火狐浏览器可以这样设置：

{'User-Agent':'Mozilla/5.0 (compatible; MSIE 5.5; Windows NT)'}

origin_req_host指请求方的host名称或者IP地址。

unverifiable表示这个请求是否是无法验证的，默认为False，如请求一张图片如果没有权限获取图片那它的值就是True。

method是一个字符串，用来指示请求使用的方法，如GET、POST、PUT等。

示例代码如下。

```
#!/usr/bin/env Python
#coding:utf8
from urllib import request,parse
url='http://httpbin.org/post'
headers={
      'User-Agent':'Mozilla/5.0 (compatible; MSIE 5.5; Windows NT)',
      'Host':'httpbin.org'
}   #定义头信息
dict={'name':'germey'}
data = bytes(parse.urlencode(dict),encoding='utf-8')
req = request.Request(url=url,data=data,headers=headers,method='POST')
#req.add_header('User-Agent','Mozilla/5.0 (compatible; MSIE 8.4; Windows NT') #也可以用request的方法来添加
response = request.urlopen(req)
print(response.read())
```

7．requests模块

（1）requests库安装

requests是Python的一个第三方HTTP库，它比Python自带的网络库urllib更加简单、方便和人性化。使用requests可以让Python实现访问网页并获取源代码的功能。requests不是Python标准库，需要安装，可以在命令行中使用pip进行安装。安装命令如下。

```
>>>pip install requests
```

执行上述命令即可安装requests库，安装完成后，需要在Python的shell中导入requests库。导入成功效果如图7-10所示。

图7-10　导入requests库成功效果图

（2）requests库请求方法

在使用requests库发送网络请求的第一步就是导入requests模块，命令如下。

```
>>> import requests
```

在浏览器里面可以直接通过输入网址访问的页面，就是使用了GET方法。使用GET方法获取网页源代码的语法结构为：

```
html = requests.get('网址')
```

假如要获取浪潮集团官方网站首页源代码，示例代码如下。

```
>>>response= requests.get('https://www.inspur.com/')
```

通过上面的命令可以发现使用GET方法获取到了浪潮集团官方网站，并把数据赋值给response对象，通过requests方法名称，能够看出使用的请求方法是GET。

还有一些页面只能通过从另一个页面单击某个链接或者某个按钮以后跳过来，不能直接通过在浏览器中输入网址访问，这种网页就是使用了POST方法。使用POST方法获取源代码的格式如下。

```
data = {'key1': 'value1',
        'key2': 'value2'}
html_formdata = requests.post('网址', data=data).content.decode()
```

说明：data这个字典的内容和项数需要根据实际情况修改，key和value在不同的网站是不一样的。

还有一些网址，提交的内容需要是JSON格式的，requests可以自动将字典转换为JSON字符串，示例代码如下。

```
html_json = requests.post('网址', json=data).content.decode()
```

除此之外requests实现HTTP其他的基本请求方式也是比较简单的，比如，实现PUT、DELETE、HEAD以及OPTIONS类型的代码如下。

```
>>> response= requests.put('https://www.inspur.com/', data = {'key':'value'})
>>> response= requests.delete('https://www.inspur.com/')
>>> response= requests.head('https://www.inspur.com/')
>>> response= requests.options('https://www.inspur.com/')
```

（3）响应状态码

响应状态码是用来表示网页服务器HTTP响应状态的3位数字代码，可以使用response. status_code查看响应状态码，示例代码如下。

```
>>> response= requests.get('https://www.inspur.com ')
>>>response.status_code
200
```

为方便引用，requests还附带了一个内置的状态码查询对象，示例代码如下。

```
>>> response.status_code == requests.codes.ok
True
```

（4）响应内容

requests会自动解码来自服务器的内容。大多数unicode字符集都能被无缝地解码。使用response. text命令可以查看文本内容。示例代码如下。

```
>>> import requests
>>> r = requests.get('https://www.inspur.com')
>>> r.text
```

请求发出后，requests会基于HTTP头部对响应的编码做出有根据的推测。当访问r. text时，requests会使用其推测的文本编码。使用r. encoding属性来改变编码格式，示例代码如下。

```
>>> r.encoding
'utf-8'
>>> r.encoding = 'ISO-8859-1'
```

（5）定制请求头

服务器通过读取请求头部的代理信息来判断这个请求是正常的浏览器还是爬虫，因此在使用requests的过程中就可以为请求添加HTTP头部来伪装成正常的浏览器，只需要传递一个dict给headers参数即可。示例代码如下。

```
>>> url = ' https://www.inspur.com'
>>> headers = { 'User-Agent':'Mozilla/5.0 (Windows NT 10.0; WOW64) AppleWebKit/537.36 (KHTML, like Gecko) Chrome/58.0.3029.110 Safari/537.36 SE 2.X MetaSr 1.0' }
>>> r = requests.get(url, headers=headers)
```

（6）重定向与请求历史

默认情况下，除了HEAD，requests会自动处理所有重定向。可以使用响应对象的history方法来追踪重定向。response. history是一个response对象的列表，为了完成请求而创建了这些对象。这个对象列表按照从最远到最近的请求进行排序。示例代码如下。

```
>>> r = requests.get('http://www.inspur.com')
>>> r.url
' https://www.inspur.com '
>>> r.status_code
200
>>> r.history
[<Response [301]>]
```

说明：使用GET、OPTIONS、POST、PUT、PATCH或者DELETE时，可以通过allow_redirects参数禁用重定向处理，示例代码如下。

```
>>> r = requests.get('http://www.inspur.com', allow_redirects=False)
>>> r.status_code
301
>>> r.history
[]
```

任务2 写入读取数据

素养提升

随着知识技术时代的到来，各种知识、技术不断推陈出新，竞争日趋紧张激烈，社会需求越来越多样化，人们在工作学习中所面临的情况和环境比较复杂。在很多情况下，如果还仅是依靠个人能力，已经完全不能适应各种错综复杂的情况。所以做事要有团体精神，并且团队中的每个成员之间相互依赖、互相沟通、共同上进，只有综合大家的优势，才能解决面临的困难和问题，也才能取得事业上的成功。

任务描述

本任务是爬取html-color-codes网站的tr标签里面的style和tr下几个并列的td标签数据并保存到数据库中，通过数据库命令查看表中的内容。实现本任务的思路如下。

1）分析网站。

2）爬取网站。

3）将爬取的数据保存在数据库中。

4）使用SQL命令查看数据库中的数据。

扫码看视频

任务步骤

第一步：打开html-color-codes官网，效果如图7-11所示。

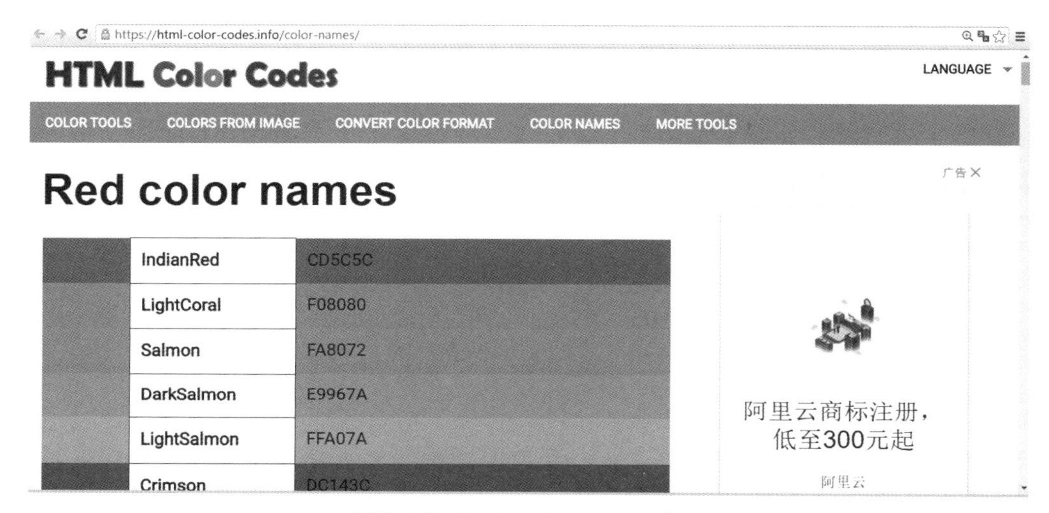

图7-11　html-color-codes官网

第二步：单击鼠标右键，在弹出的快捷菜单中选择“检查”命令，审查元素，效果如图7-12所示。

```
▼<table class="colortable">
  ▼<tbody>
    ▼<tr style="background-color:indianred;">
        <td> </td>
        <td class="whitename">IndianRed</td>
        <td class="white">CD5C5C</td>
        <td> </td>
      </tr>
    ▶<tr style="background-color:lightcoral;">…</tr>
    ▶<tr style="background-color:salmon;">…</tr>
    ▶<tr style="background-color:darksalmon;">…</tr>
    ▶<tr style="background-color:lightsalmon;">…</tr>
    ▶<tr style="background-color:crimson;">…</tr>
    ▶<tr style="background-color:red;">…</tr>
    ▶<tr style="background-color:fireBrick;">…</tr>
    ▶<tr style="background-color:darkred;">…</tr>
    </tbody>
  </table>
  <p></p>
  <script async src="//pagead2.googlesyndication.com/pagead/js/adsbygoogle.js"></script>
body  div#content.row  div.medium-8.columns  div.blog-post  table.colortable  tbody  tr  td.whitename
```

图7-12　审查元素

第三步：编写代码，爬取数据并保存在数据库中。需要使用pip install pymysql命令安装pymysql模块。

```
#!/usr/bin/env Python
# coding=utf-8
import requests
from bs4 import BeautifulSoup
import pymysql
print('连接到mysql服务器...')

db = pymysql.connect(host='localhost',user='root',password='password',db='test',charset='utf8')

print('连接上了!')
cursor = db.cursor()
cursor.execute("DROP TABLE IF EXISTS COLOR")
sql = "" "CREATE TABLE COLOR (
  Color CHAR(20) NOT NULL,
  Value CHAR(10),
  Style CHAR(50) )"" "
cursor.execute(sql)
hdrs = {'User-Agent':'Mozilla/5.0 (X11; Fedora; Linux x86_64) AppleWebKit/537.36 (KHTML, like 
Gecko)'}
url = "http://html-color-codes.info/color-names/"
r = requests.get(url, headers = hdrs)
soup = BeautifulSoup(r.content.decode('gbk', 'ignore'), 'lxml')
trs = soup.find_all('tr') # 获取全部tr标签成为一个列表
for tr in trs:   # 遍历列表里所有的tr标签单项
 style = tr.get('style') # 获取每个tr标签里的属性style
 tds = tr.find_all('td') # 将每个tr标签下的td标签获取为列表
 td = [x for x in tds] # 获取的列表
 name = td[1].text.strip()  # 直接从列表里取值
 hex = td[2].text.strip()
 # print u'颜色: ' + name + u'颜色值: '+ hex + u'背景色样式: ' + style
 # print 'color: ' + name + '\tvalue: '+ hex + '\tstyle: ' + style
 insert_color = ("INSERT INTO COLOR(Color,Value,Style)" "VALUES(%s,%s,%s)")
 data_color = (name, hex, style)
 cursor.execute(insert_color, data_color)
 db.commit()
 # print '******完成此条插入!'
 print('爬取数据并插入mysql数据库完成...')
```

第四步：运行代码，效果如图7-13所示。

图7-13 爬取结果

第五步：查询color表中的数据，如图7-14所示。

查询创建工具 查询编辑器

```
1  select * from COLOR;
```

信息 结果1 概况 状态

Color	Value	Style
IndianRed	CD5C5C	background-color:indiani
LightCoral	F08080	background-color:lightcc
Salmon	FA8072	background-color:salmoı
DarkSalmon	E9967A	background-color:darksa
LightSalmon	FFA07A	background-color:lightsa
Crimson	DC143C	background-color:crimsc
Red	FF0000	background-color:red;
FireBrick	B22222	background-color:fireBri
DarkRed	8B0000	background-color:darkre
Pink	FFC0CB	background-color:pink;
LightPink	FFB6C1	background-color:lightpi
HotPink	FF69B4	background-color:hotpin
DeepPink	FF1493	background-color:deepp
MediumVioletRed	C71585	background-color:mediu

图7-14 数据库查询结果

1. Beautiful Soup

Beautiful Soup是一个可以从HTML或XML文件中提取数据的Python库。它能够通过用户喜欢的转换器实现惯用的文档导航、查找、修改。Beautiful Soup安装命令如下。

```
>pip install beautifulsoup4
```

注意：这里安装的是beautifulsoup4。

Beautiful Soup支持Python标准库中的HTML解析器以及一些第三方解析器。常见的解析器见表7-1。

表7-1 常见的解析器

解析器	使用方法	优势	劣势
Python标准库	BeautifulSoup(markup, "html.parser")	Python的内置标准库 执行速度适中 文档容错能力强	Python 2.7.3或3.2.2前的版本中文档容错能力差
lxml HTML 解析器	BeautifulSoup(markup, "lxml")	速度快 文档容错能力强	需要安装C语言库
lxml XML 解析器	BeautifulSoup(markup, ["lxml", "xml"]) BeautifulSoup(markup, "xml")	速度快 唯一支持XML的解析器	需要安装C语言库
html5lib	BeautifulSoup(markup, "html5lib")	最好的容错性 以浏览器的方式解析文档 生成HTML5格式的文档	速度慢

2. CSV数据写入和读取

（1）CSV概述

CSV（Commae-Separeted Values，逗号分隔值）是国际上通用的一二维数据存储格式，其文件以纯文本形式存储表格数据（数字和文本），文件的每一行都是一个数据记录。每个记录由一个或多个字段组成，用逗号分隔。使用逗号作为字段分隔符是此文件格式的名称的来源，因为分隔字符也可以不是逗号，有时也称为字符分隔值。二维数据可视为多条一维数据的集合，当二维数据只有一个元素时，这个二维数据就是一维数据。

CSV在使用过程中需要注意以下格式规范：

1）以纯文本形式存储表格数据。

2）文件的每一行对应表格中的一条数据记录。

3）每条记录由一个或多个字段组成。

4）字段之间使用逗号（英文、半角）分隔。

（2）CSV读取

对CSV文件的读取有两种方式，一种是通过列表下标读取，另一种是通过key获取。

通过列表下标读取文件时，直接使用open()函数打开CSV文件。使用csv.reader()方法，其中的参数为指针。因为该CSV文件有表头，可以使用next()函数直接跳过第一组数据，即表头数据，然后直接通过列表下标获取想要的数据。

示例代码如下。

```
import csv
with open('stock.csv','r') as fp:
    # reader是个迭代器
    reader = csv.reader(fp)
    next(reader)
    for i in reader:
        # print(i)
        name = i[3]
        volumn = i[-1]
        print({'name':name,'volumn':volumn})
```

通过key获取文件时，使用DictReader创建reader对象，不会包含表头那行的数据，而reader这个迭代器与reader创建的又不一样，遍历这个迭代器返回的是一个字典，不是列表。示例代码如下。

```
import csv
with open('stock.csv','r') as fp:
    reader = csv.DictReader(fp)
    for i in reader:
        value = {"name":i['secShortName'],"volumn":i['turnoverVol']}
        print(value)
```

（3）CSV文件的写入

对CSV文件的写入有两种方式，一种是使用writer创建对象，使用writerow(s)方法写入；一种是使用DictWriter创建对象，使用writerow(s)方法写入。

1）使用writer创建对象，writerow(s)方法写入。

写入数据到CSV文件中，需要创建一个writer对象才可以使用writerow写入一行，而writerows是全部写入。其中，默认newline='\n'是写入一行就会换行，所以需要改成空，数据都是存放在列表中。示例代码如下。

```
with open("classroom.csv",'w',encoding='utf-8',newline='') as fp:
    writer = csv.writer(fp)
    writer.writerow(headers)
    writer.writerows(value)
```

2）使用DictWriter创建对象，使用writerow(s)方法写入。

当数据存放在字典中时可以使用DictWriter创建writer对象，其中，需要传两个参数，第一个是指针，第二个是表头信息。当使用DictWriter创建对象时，写入表头还需要执行writeheader()操作。示例代码如下。

```
import csv
with open("classroom1.csv",'w',encoding='utf-8',newline=' ') as fp: #默认newline='\n'
    writer = csv.DictWriter(fp,headers)
    writer.writeheader()
    writer.writerows(value)
```

3．MySQL数据写入和读取

PyMySQL是在Python 3.x版本中用于连接MySQL服务器的一个库。安装PyMySQL的命令如下：

```
pip install pymysql
```

Python与MySQL数据库连接的过程如下：

① 导入连接MySQL需要的包pymysql：import pymysql。

② 创建连接：con=pymysql.connect("主机名","用户名","密码","所要连接的数据库名",charset='utf8')，其中charset='utf8'是为了解决中文乱码问题设置的字符编码格式。

③ 使用cursor()方法创建操作游标：cursor = con.cursor()。

④ 使用execute()方法执行sql语句：cursor.execute(sql)。

⑤ 使用fetchall()方法获取查询执行的结果。

⑥ 关闭游标及数据库连接：cursor.close()、con.close()。

拓展任务

在Python中，使用urllib对百度贴吧数据进行爬取，并使用CSV对数据进行写入和读取。任务思路如下：

1）对百度贴吧网站进行分析。

2）使用urllib爬取百度贴吧数据。

3）把爬取的数据保存为CSV格式。

4）读取CSV数据的内容。

项目总体评价

通过学习本项目，检查自己是否掌握了以下技能，在技能检测表中标出已掌握的技能。

评价标准	个人评价	小组评价	教师评价
能够使用requests库爬取小说网站			
能够爬取html-color-codes网站并将数据保存在数据库中			

备注：A为能做到，B为基本能做到，C为部分能做到，D为基本做不到。

练习题

填空题

1．网络爬虫是模拟客户端（浏览器）发送________请求，获取响应，并按照自定义的规则________数据的程序。

2．通用网络爬虫又称________，爬取对象由一批种子URL扩充至整个Web。

3．Web页面按存在方式分为________和________。

4．在爬虫过程中一般使用________库向目标站点发送请求，即发送一个________，该请求中包含________和________。

Project 8

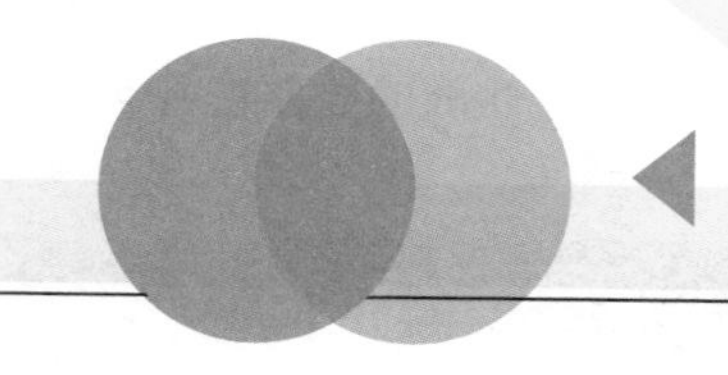

项目 8

项目实战：网络爬虫

项目情境

经理：小张，Python模块中爬取网络数据的内容学习完成之后，需要你使用所学的技术爬取一些网站？

小张：爬取什么内容？

经理：爬取网站的标题、图片、路径等。

小张：网站多种多样，爬取哪类网站呢？

经理：爬取浪潮优派信息网站，还要练习对手机端数据的爬取。

小张：也就是爬取手机端和PC端的数据？

经理：是的。一种是通过所学的内容直接爬取，一种是借助网页分析工具。

小张：好的，保证完成任务。

小张和经理谈完话后，开始调研手机端数据采集分析软件有哪些，并决定使用Fiddler软件进行手机端网页分析，除此之外分析豆瓣电影网并把爬取的数据进行保存。

学习目标

【知识目标】

- 掌握Fiddler抓包工具的使用方法。
- 掌握手机端数据的获取方法。
- 掌握网站的分析方法。
- 掌握网络数据的爬取流程。

【技能目标】

- 能够使用Fiddler对网站进行抓包。
- 能够使用requests模块进行手机端数据的爬取。

- 能够使用requests模块进行浪潮优派信息网站的爬取。
- 能够把爬取的数据进行保存。

任务1 爬取手机端数据

任务描述

使用requests库与抓包工具（拦截查看网络数据包内容的软件）的结合实现一个App页面内容的爬取。能够通过Fiddler抓包工具的配置及使用获取App数据内容及相关信息，之后使用requests库的相关方法通过链接地址实现对App内数据的爬取。爬取思路如下：

1）安装Fiddler抓包工具。

2）使用Fiddler抓包工具进行网站分析。

任务步骤

第一步：下载抓包工具。这里使用Fiddler抓包工具，单击“DOWNLOAD NOW”按钮后，根据相关提示信息完成内容填写即可下载Fiddler，如图8-1所示。

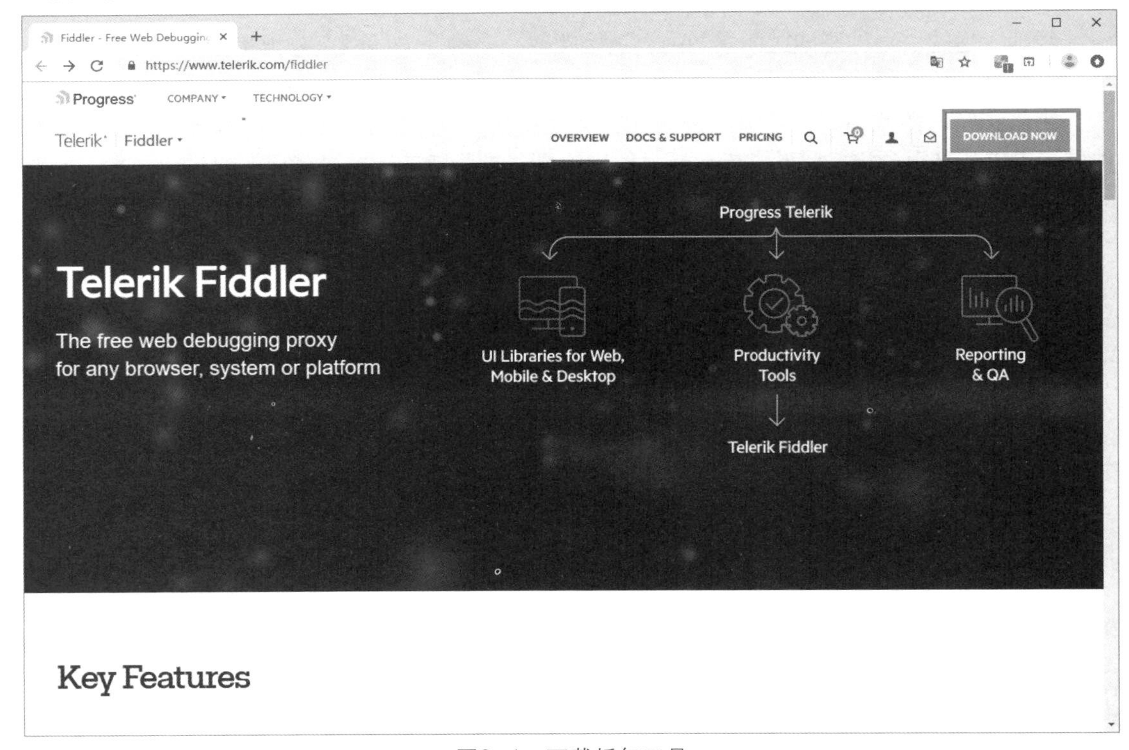

图8-1　下载抓包工具

第二步：安装Fiddler。双击下载好的软件安装包，单击“Install”按钮即可安装Fiddler工具，如图8-2所示。

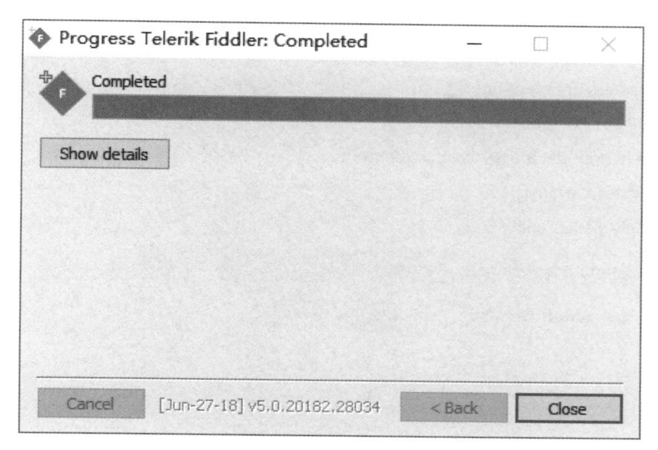

图8-2　安装Fiddler

第三步：配置Fiddler工具。打开安装完成的Fiddler软件，如图8-3所示。

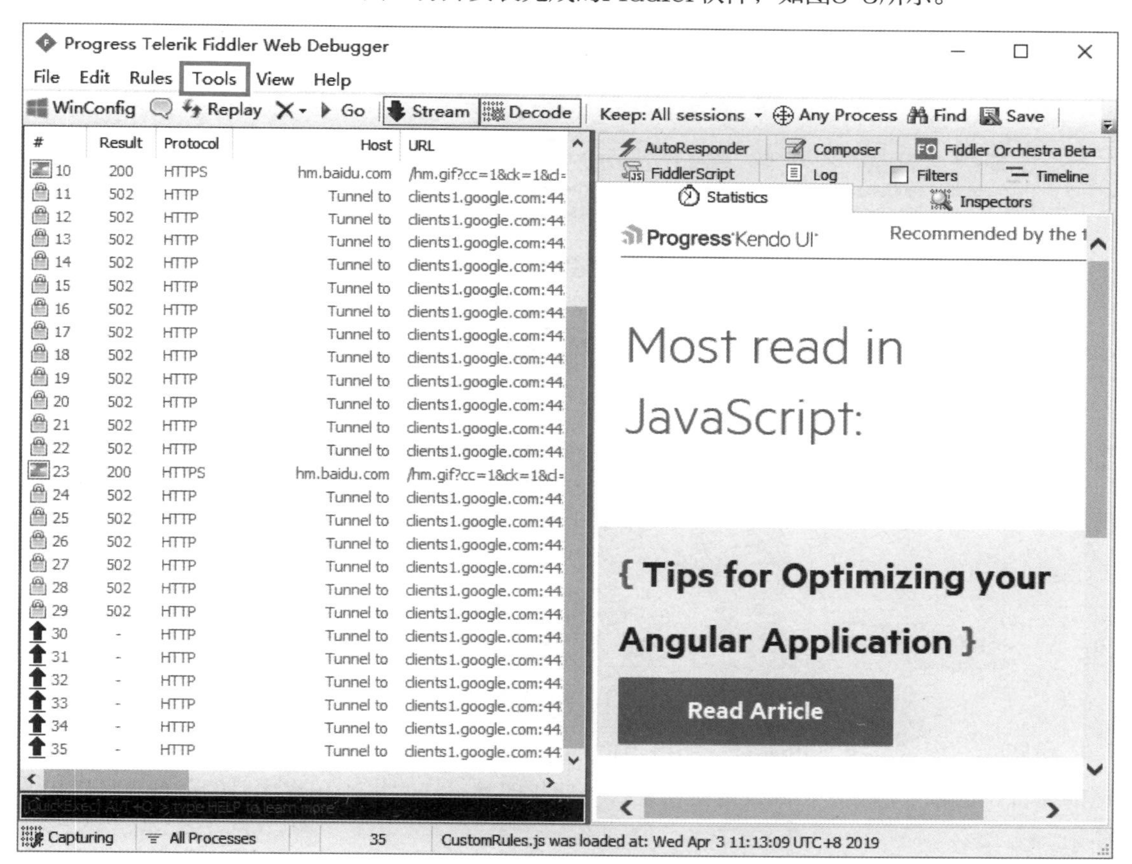

图8-3　配置Fiddler工具

单击图8-3中“Tools”菜单下的“Options”按钮进入工具配置界面，如图8-4所示。

Options
General HTTPS Connections Gateway Appearance Scripting Extensions Performance Tools
Notify me for updates on startup
Offer upgrade to Beta versions
Enable IPv6 (if available)
Participate in the Fiddler Improvement Program
Enable high-resolution timers
Automatically stream audio & video
If protocol violations are observed: Warn on critical errors
Systemwide Hotkey: CTRL + ALT + F
Help Note: Changes may not take effect until Fiddler is restarted. OK Cancel

图8-4　工具配置界面

选择“Connections”选项卡，之后进行端口号的配置，如图8-5所示。

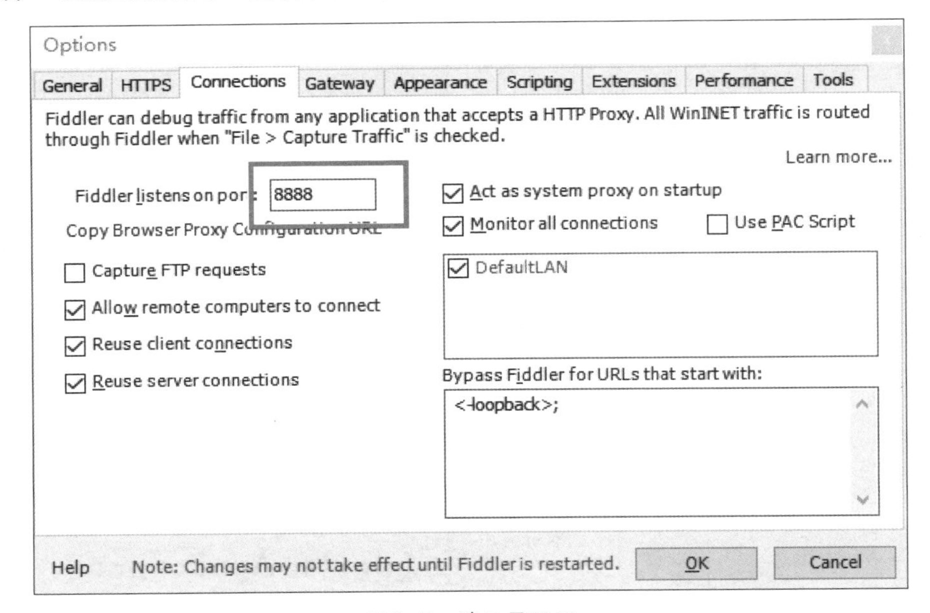

图8-5　端口号配置

第四步：配置手机。由于爬取的是手机App数据，因此需要在同一局域网内进行手机网络的配置。进入手机Wi-Fi修改界面，设置手动代理并进行主机IP和端口号的配置，如图8-6所示。

第五步：分析App页面。配置完成后，即可使用当前手机打开需要爬取的App，这里使用的是美团App，页面结构如图8-7所示。

图8-6　手机配置

图8-7　App页面分析

第六步：查看App信息。找到需要爬取的页面后，在Fiddler抓包工具页面中会获取到当前App请求网络的路径，单击路径后即可查看当前App的相关信息，如图8-8和图8-9所示。

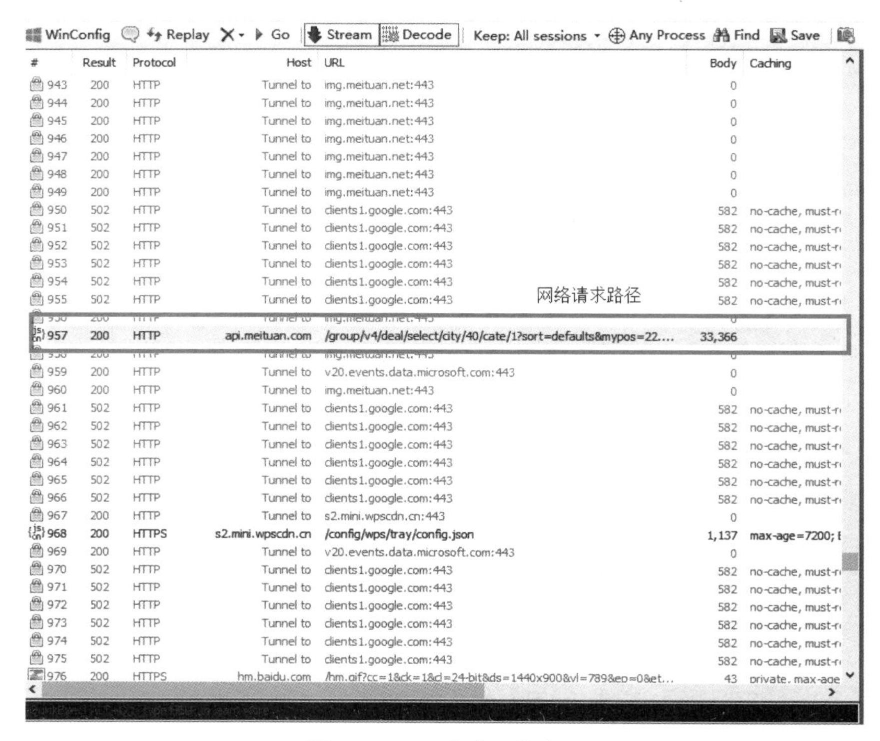

图8-8　App请求网络路径

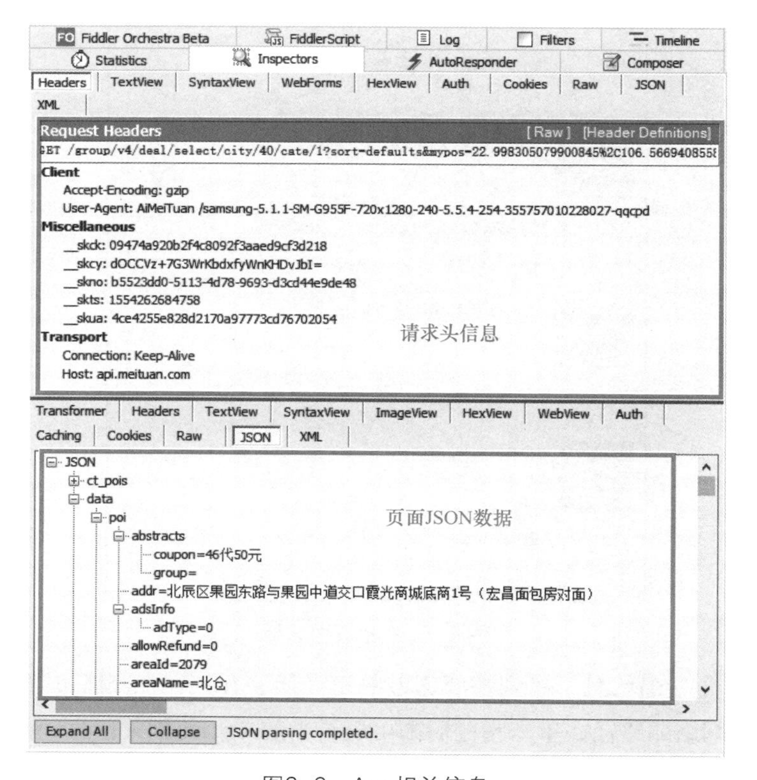

图8-9　App相关信息

第七步：编辑代码。

基本配置和信息获取完成后即可进行代码的编辑。将上面获取的相关请求头信息填入代码相应的位置，将爬取路径放入请求方法中进行页面内容的请求，通过JSON信息的分析爬取需要的页面信息，如有需要可将信息保存到本地文件中，代码如下。

```
# 引入Requests库
import requests
def main():
    # 定义请求头
    headers = {
        # 将Fiddler右上方的内容填在headers中
        "Accept-Charset": "UTF-8",
        "Accept-Encoding": "gzip",
        "User-Agent": "AiMeiTuan /OPPO -5.1.1-OPPO R11-1280x720-240-5.5.4-254-866174010228027-qqcpd",
        "Connection": "Keep-Alive",
        "Host": "api.meituan.com"
    }
    # 循环请求数据
    for i in range(0,100,15):
        # 右上方有个get请求,将get后的网址赋给heros_url
        heros_url = "http://api.meituan.com/group/v4/deal/select/city/40/cate/1?sort=defaults&mypos=33.99958870366006%2C109.56854195330912&hasGroup=true&mpt_cate1=1&offset="+str(i)+"&limit=15&client=android&utm_source=qqcpd&utm_medium=android&utm_term=254&version_name=5.5.4&utm_content=866174010228027&utm_campaign=AgroupBgroupC0E0Ghomepage_category1_1__a1&ci=40&uuid=704885BFB717F2C01E511F22C00C57BCF67FBCCB6E51D4EE4D012C5BE0DCAFC2&msid=8661740102280271551099952848&__skck=09474a920b2f4c8092f3aaed9cf3d218&__skts=1551100036862&__skua=4cc9b4c45a5fd84d9e60e187fabb4428&__skno=6b0f65d3-0573-483c-a0c0-68a16fd1dda7&__skcy=ylVLNnkSr%2BWmTKUfgw%2BL6Ms21sg%3D"
        # 美食的列表显示在json格式下
        res = requests.get(url=heros_url, headers=headers).json()
        # 打印列表
        for i in res["data"]:
            print(i["poi"]["name"])
            print(i["poi"]["areaName"])
            print(i["poi"]["avgPrice"])
            print(i["poi"]["avgScore"])
            print("++++++++++++++++++++++++++++++++++++++++=")
if __name__ == "__main__":
    main();
```

运行代码，效果如图8-10所示。

```
梨花炭团烧肉丼(天河城店)
和平路
39
5
++++++++++++++++++++++++++++++++++++++=
彤德莱火锅(天河城店)
和平路
62
5
++++++++++++++++++++++++++++++++++++++=
屯老二农家铁锅炖(张家窝店)
天津南站
73
5
++++++++++++++++++++++++++++++++++++++=
屯老二农家铁锅炖(双街店)
双街
69
5
++++++++++++++++++++++++++++++++++++++=
火炉火烤肉·芝士排骨(世纪都会店)
滨江道
81
5
++++++++++++++++++++++++++++++++++++++=
新辣道(荔隆店)
北郑/泉州北路
81
```

图8-10　爬取数据效果图

任务2　爬取浪潮优派信息网站

任务描述

本任务是爬取浪潮优派信息网站首页中的新闻列表和所有的图片信息，然后将新闻列表保存到本地文本文档中，将图片保存到爬虫所在的目录中。思路如下。

1）明确爬取目标及所需要的效果。

2）根据URL爬取网页数据信息。

3）对数据进行保存。

扫码看视频

任务步骤

第一步：打开浪潮优派信息网站首页（http://www.inspuruptec.com:9090/），如图8-11所示。

图8-11　浪潮优派信息网站

第二步：分析新闻列表部分代码的页面结构，爬取每条新闻的标题、发布时间、阅读量和类型，如图8-12所示。

```
▼<div class="clear newInfor">
  ▼<ol class="fl">
    ▼<li class="_olitem _item" data-id="1159151">
        <h3>浪潮1+X证书第一期线上师资培训开课啦</h3>
        <p></p>
      ▼<p class="lastp">
          <time>2020-05-25</time>
        ▶<span>…</span>
        ▶<span>…</span>
        </p>
        <b></b>
      </li>
    ▶<li class="_olitem _item" data-id="1118388">…</li>
    ▶<li class="_olitem _item last" data-id="925547">…</li>
    </ol>
```

图8-12　网页源代码

第三步：引入需要使用的库，设置请求头信息以及要访问的链接，访问链接并获取页面代码，代码如下。

```
# -*- coding: utf-8 -*-# filename: citys.py
import csv
import requests
from bs4 import BeautifulSoup
from lxml import etree
newslist=[]
headers = {
    "User-Agent": "Mozilla/5.0 (Windows NT 10.0; WOW64) AppleWebKit/537.36 (KHTML, like
```

```
Gecko) Chrome/58.0.3029.110 Safari/537.36 SE 2.X MetaSr 1.0"}
    url = 'http://www.inspuruptec.com:9090/'
    response = requests.get(url,headers=headers)
    text = response.content.decode("utf-8")
    bsobj = etree.HTML(text)
```

第四步：提取新闻信息。通过图8-12可知新闻列表所在div的class属性为clear newInfor，新闻的标题在其每个字标签的ol/li/h3中，爬取新闻标题的语句如下。

```
    news = bsobj.xpath('//div[@class="clear newInfor"]/ol/li/h3')
```

发布时间在p标签的time标签中，获取发布时间的代码如下。

```
    date = bsobj.xpath('//div[@class="clear newInfor"]/ol/li/p/time')
```

阅读量在p标签的第一个span标签中的samll标签中，获取阅读量的代码如下。

```
    readnum = bsobj.xpath('//div[@class="clear newInfor"]/ol/li/p/span[1]/small')
```

新闻类型在阅读量在p标签的第二个span标签中的samll标签中，获取新闻类型的代码如下。

```
    newstype = bsobj.xpath('//div[@class="clear newInfor"]/ol/li/p/span[2]/small')
```

页面中的图片全部在class为contents的div标签的img标签中，如图8-13所示。

```
▼<div class="contents" style="cursor: pointer;"> == $0
   <img src="http://image.yunduoketang.com/temp/6821/20160517/3a140858-cd09-4f47-b48b-
   2a65c21f66d5.jpg" alt class="advert">
 </div>
▶<div class="contents" style="cursor: pointer;">…</div>
▶<div class="contents" style="cursor: pointer;">…</div>
▶<div class="contents" style="cursor: default;">…</div>
▶<div class="contents" style="cursor: default;">…</div>
```

图8-13　页面中的图片

提取页面中图片链接的代码如下。

```
    image = bsobj.xpath('//div[@class="contents"]/img/@src')
```

第五步：将获取到的新闻信息和图片保存到本地，代码如下。

```
    #保存图片
    #filename传递文件名，f传递文件内容
    def writerstring(fillename,f):
        writ=open("./"+fillename, "a")
        writ.write(f+'\n')
```

```
        writ.close
#保存新闻列表
#name传递文件名，f传递图片链接
def wirteimage(name,f):
        writ=open('./'+name,'wb')
        writ.write(requests.get(f).content)
        writ.close
```

第六步：运行代码，结果如图8-14和图8-15所示。

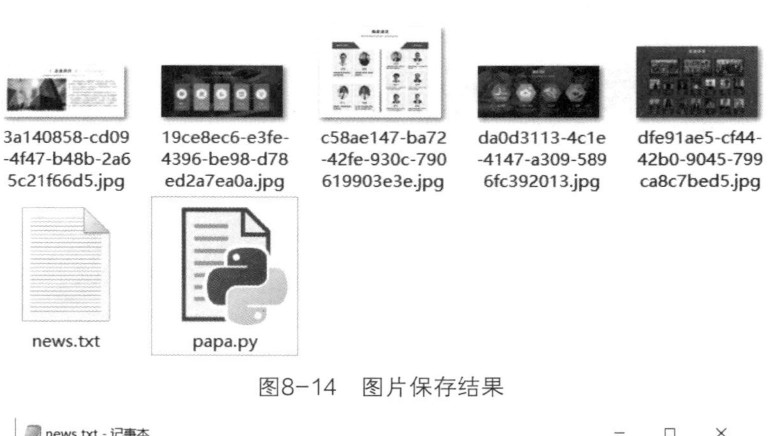

图8-14　图片保存结果

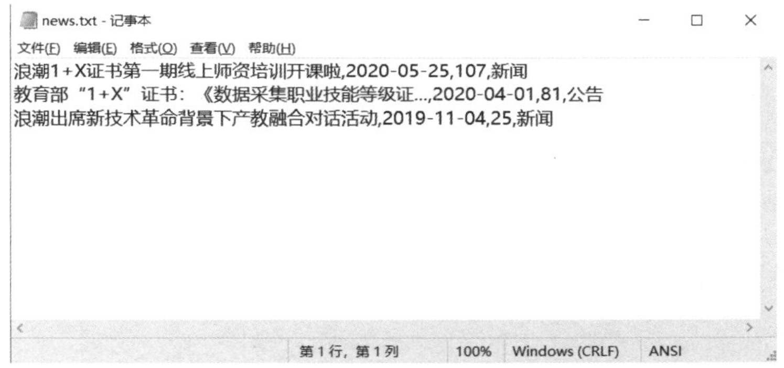

图8-15　新闻保存结果

项目总体评价

通过学习本项目，检查自己是否掌握了以下技能，在技能检测表中标出已掌握的技能。

评价标准	个人评价	小组评价	教师评价
能够爬取手机端美团网站			
能够爬取浪潮优派信息网站			

备注：A为能做到，B为基本能做到，C为部分能做到，D为基本做不到。

Project 9

项目9 创建Spring Boot项目

项目情境

经理：公司需要对业务系统日志数据进行采集。

小张：业务系统可以用Java或者.NET语言开发。

经理：你说的没错。所以在了解业务系统数据采集之前必须对开发语言及框架进行初步了解，并由你给大家做简单的培训。

小张：那我准备一下。

经理：建议现在可以先搭建一个Spring Boot项目，以备日志采集平台采集。

小张：好的，没问题。

经理：那就开始准备资料给大家培训吧。

小张：好的。

小张和经理谈完话后，决定给公司同事培训业务系统的概述、产生的数据及制作业务系统需要的语言及开发模式。

学习目标

【知识目标】

- 了解ERP的应用价值
- 了解CRM的应用价值
- 了解业务系统产生的数据
- 掌握业务系统中数据产生的价值
- 了解.NET开发框架
- 了解Java语言的概念及用途

- 了解JavaEE框架
- 了解SSH框架
- 了解SSM框架
- 了解微服务框架

扫码看视频

【技能目标】

- 能够创建Spring Boot项目
- 能够运行Spring Boot项目

任务描述

采集业务日志数据的前提是了解什么是业务系统、业务系统产生的数据类型及价值、实现业务系统的框架及相关语言。本任务是通过对业务系统的学习并创建Spring Boot项目，为后续采集业务日志数据打下良好的基础。实现本任务的思路如下。

1）打开Intellij IDEA。

2）创建SpringBoot项目。

3）运行SpringBoot项目。

任务步骤

第一步：打开Intellij IDEA软件。单击“Create New Project”按钮，如图9-1所示。

第二步：单击“Create New Project”按钮后出现如图9-2所示的效果，选择“Spring Initializer”，单击“Next”按钮。

第三步：选择Jar包，单击“Next”按钮，效果如图9-3所示。

第四步：引入一些项目场景所涉及的依赖，此处选择默认，采取直接在pom文件手动导入的方式，如图9-4所示。

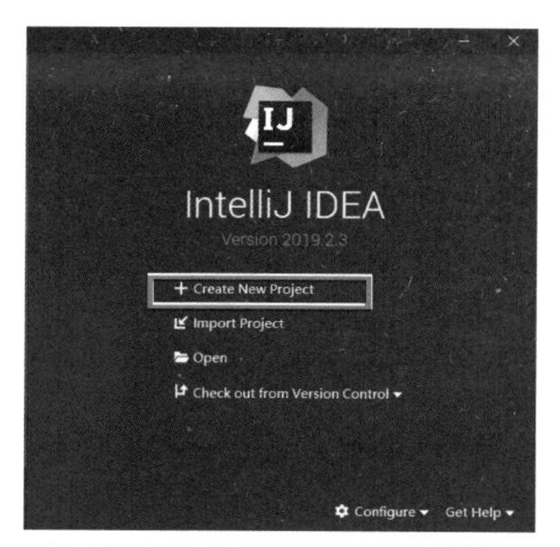

图9-1　打开IntelliJ IDEA软件

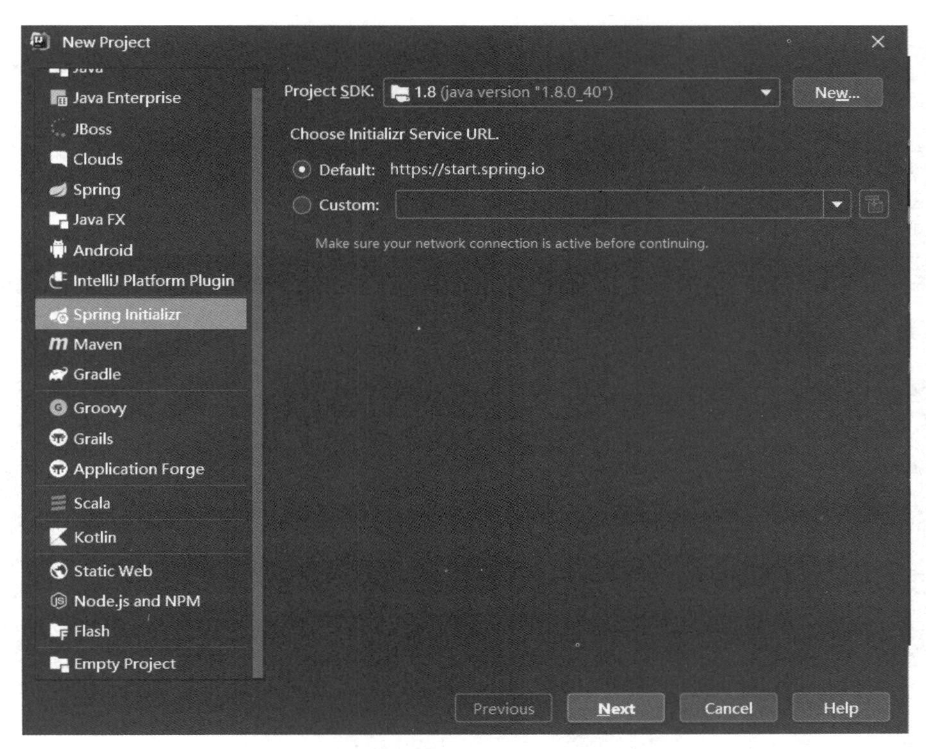

图9-2　选择“Spring Initializer”

New Project
Project Metadata
Group: com.example
Artifact: demo
Type: Maven Project (Generate a Maven based project archive.)
Language: Java
Packaging: Jar
Java Version: 8
Version: 0.0.1-SNAPSHOT
Name: demo
Description: Demo project for Spring Boot
Package: com.example.demo
Previous　Next　Cancel　Help

图9-3　选择Jar包

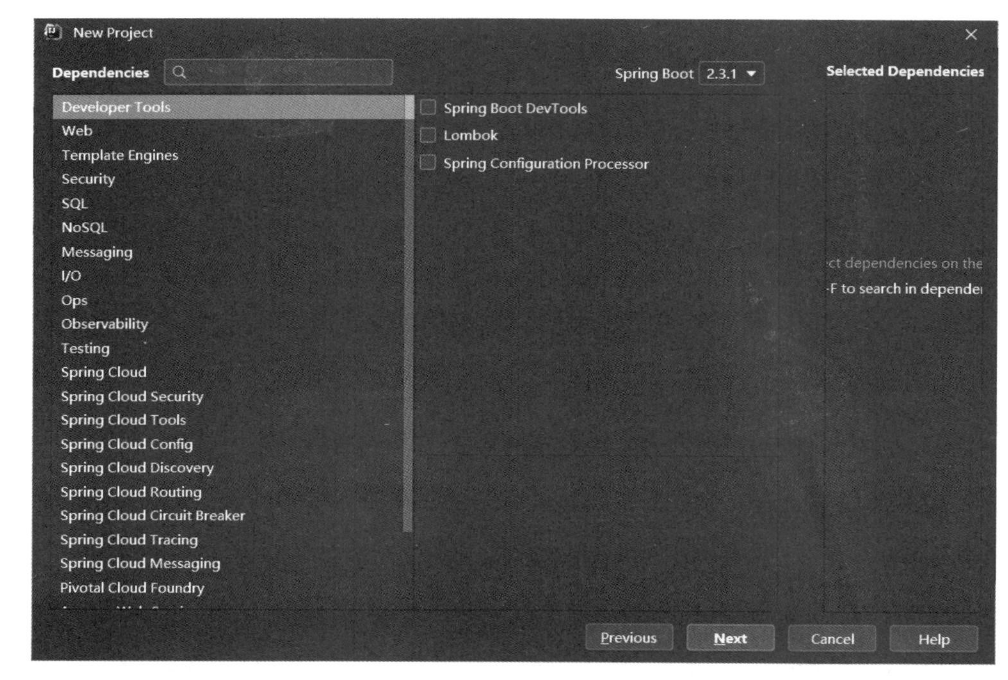

图9-4　添加依赖

第五步：单击“Next”按钮，创建项目完成后效果如图9-5所示。

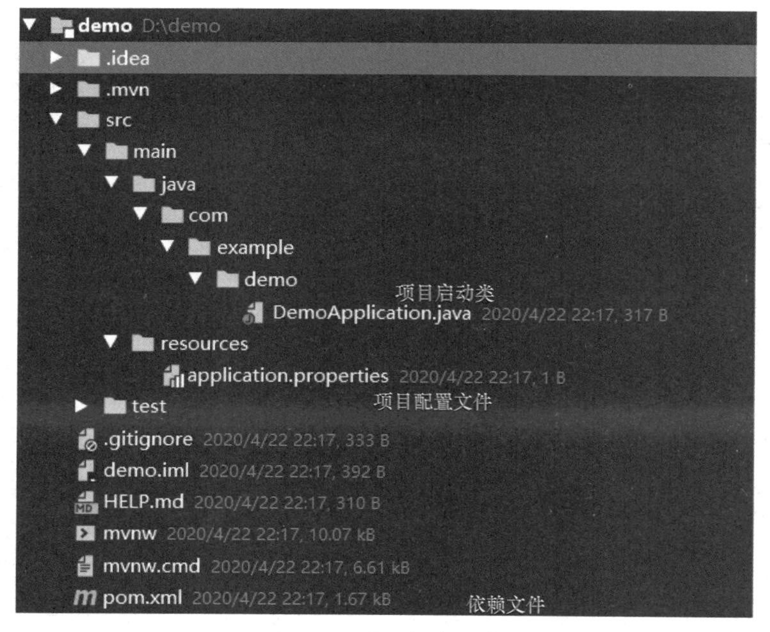

图9-5　项目创建完成

这样就默认生成了Spring Boot项目。其中，resources文件夹中的目录结构如下。

1）static：保存所有的静态资源，比如，JS、CSS、images。

2）templates：保存所有的模板页面（Spring Boot默认Jar包使用嵌入式的Tomcat，默认不支持JSP页面）；可以使用模板引擎（freemarker、thymeleaf）。

3）application. properties：Spring Boot应用的配置文件；可以修改一些默认设置。

第六步：编写一个简单的案例，浏览器返回地址字符串helloworld。新建一个controller包、场景IndexController类，处理前端请求。代码如下。

```
@RestController
@RequestMapping(value = "/index")
public class IndexController {

    @GetMapping("/show")
    public String getIndex() {
        return " helloworld ";
    }
```

运行代码，启动成功，效果如图9-6所示。

```
SpringbootElkApplication
Console  Endpoints
2020-04-23 14:01:07,905 [INFO ] [org.springframework.boot.web.servlet.AbstractFilterRegistrationBean.configure(AbstractFilterRegistrationBean.java:258)] Mapping filter: 'hiddenHttpMethodFilter' t
2020-04-23 14:01:07,905 [INFO ] [org.springframework.boot.web.servlet.AbstractFilterRegistrationBean.configure(AbstractFilterRegistrationBean.java:258)] Mapping filter: 'httpPutFormContentFilter'
2020-04-23 14:01:07,906 [INFO ] [org.springframework.boot.web.servlet.AbstractFilterRegistrationBean.configure(AbstractFilterRegistrationBean.java:258)] Mapping filter: 'requestContextFilter' to:
2020-04-23 14:01:08,083 [INFO ] [org.springframework.web.servlet.mvc.method.annotation.RequestMappingHandlerAdapter.initControllerAdviceCache(RequestMappingHandlerAdapter.java:534)] Looking for @
2020-04-23 14:01:08,120 [INFO ] [org.springframework.web.servlet.handler.AbstractHandlerMethodMapping$MappingRegistry.register(AbstractHandlerMethodMapping.java:543)] Mapped "{[/error]}" onto pub
2020-04-23 14:01:08,121 [INFO ] [org.springframework.web.servlet.handler.AbstractHandlerMethodMapping$MappingRegistry.register(AbstractHandlerMethodMapping.java:543)] Mapped "{[/error],produces=[
2020-04-23 14:01:08,136 [INFO ] [org.springframework.web.servlet.handler.AbstractUrlHandlerMapping.registerHandler(AbstractUrlHandlerMapping.java:362)] Mapped URL path [/webjars/**] onto handler
2020-04-23 14:01:08,137 [INFO ] [org.springframework.web.servlet.handler.AbstractUrlHandlerMapping.registerHandler(AbstractUrlHandlerMapping.java:362)] Mapped URL path [/**] onto handler of type
2020-04-23 14:01:08,156 [INFO ] [org.springframework.web.servlet.handler.AbstractUrlHandlerMapping.registerHandler(AbstractUrlHandlerMapping.java:362)] Mapped URL path [/**/favicon.ico] onto hand
2020-04-23 14:01:08,230 [INFO ] [org.springframework.jmx.export.MBeanExporter.afterSingletonsInstantiated(MBeanExporter.java:431)] Registering beans for JMX exposure on startup
2020-04-23 14:01:08,267 [INFO ] [org.springframework.boot.context.embedded.tomcat.TomcatEmbeddedServletContainer
2020-04-23 14:01:08,269 [INFO ] [org.springframework.boot.StartupInfoLogger.logStarted(StartupInfoLogger.java:57)] Started SpringbootElkApplication in 1.559 seconds (JVM running for 3.492)
```

图9-6　启动成功

在浏览器中运行，效果如图9-7所示。

图9-7　浏览器效果

知识储备

1. 业务系统概述

业务系统是指在一个专业方面，比如，人事系统、财务系统、物资系统等，从上到下的组织架构及所有的业务工作。其中，应用最多的是企业业务系统。企业业务系统是解决企业的外部问题的，与解决企业内部问题的组织系统相辅相成。业务系统解决的问题是人如何将产品卖出，使得企业利润最大化。在业务系统中应用最多的有ERP、CRM等。

（1）ERP系统

ERP（Enterprise Resource Planning，企业资源计划）系统是由不同的功能模块组成的软件系统。它建立在信息技术基础上，集信息技术与先进管理思想于一身，以系统化的管理思想为企业员工及决策层提供决策手段。它是从MRP（物料需求计划）发展而来的新一代集成化管理信息系统，扩展了MRP的功能，其核心思想是供应链管理。它跳出了传统企业边界，从供应链范围去优化企业的资源，优化了现代企业的运行模式，反映了市场对企业合理调配资源的要求。它对于改善企业业务流程、提高企业核心竞争力具有显著作用。

ERP是一个信息高度集成的管理系统，不仅可以使企业内部的物流和资金流集成在一起，也可以将企业外部有关供应商以及市场和客户的物流和资金流信息集成在一起。

目前，国际上普遍被采用的ERP系统有SAP、Baan、JDE，Oracle、QAD等。而国内的ERP系统有用友、金蝶、浪潮、神州数码、新中大等。ERP核心业务功能包括：财务会计、管理会计、销售管理、采购管理、客户关系管理、供应商管理、物流管理、生产计划、质量管理等。一个典型的ERP系统除了上述功能外，通常还包括项目管理、投资管理、资金管理等辅助功能。

（2）CRM系统

CRM是指利用计算机网络实现的以“客户”为中心的系统。它通过服务挖掘客户、维护客户与销售之间的关系，提高客户的满意度、提高服务质量，从而实现企业效益最大化。CRM主要应用于以下几个方面。

1）客户档案有序管理。

以往的客户资料都是通过纸质文档进行存储管理，有时候出去见完客户后需要急匆匆地打开计算机录入客户资料。而通过CRM系统，销售人员可以随时随地录入客户资料、及时更新客户信息变动，确保信息的完整性。

2）合同管理。

合同管理是维护企业双方利益的工具。所以利用CRM系统实时维护合同状态细节，及时更新合同的每一个细节并记录每一个合同管理时间、流程，让签约回款流程标准化，执行更加顺畅。

3）销售报表。

以往的销售日报都是通过纸质进行上报，但是报表上无法显示销售工作的真实性。而利用CRM系统可以清晰记录销售的每一个环节、每一个工作进度。因此，领导可以通过销售日报及时掌握最新动态，让销售工作的管理更加有序。

4）外勤签到。

利用CRM系统可以通过GPS对员工外勤进行定位，结合现场拍照还原外勤现场情况，可以很大程度上减少销售人员虚假外勤签到的情况。同时，也可以根据销售人员外出拜访记录，了解客户的需求，把客户资源掌握在企业手里，以免造成销售人员一走客户资源随之流失的情况。

5）预测销售业绩。

通过数据看板生成销售数据看板，可以预测销售业绩，直观展示商机动态，管理人员可以随时查看商机跟进情况、预测销售结果、指导团队管理。

2. 业务系统的行为数据产生及价值

在使用业务系统的过程中会产生不同的数据。比如，用户操作过程中添加的数据，修改项目中具体的内容时产生的数据等，系统出现问题、操作失败等出现的数据。通常情况下，业务系统中产生的数据会有两种保存方式，即数据库数据和日志数据。

1）数据库数据。

数据库保存的数据一般是用户新增的数据以及导入的数据。除此之外对系统进行修改的最终结果数据也会保存在数据库中。数据库保存的数据是人们可以直观看到的信息。

2）日志数据。

日志作为企业应用系统中一个重要的组成部分可以记录系统的几乎所有行为，并且按照一定的格式表示。通过日志记录的信息可以为企业应用系统纠错，跟踪系统的运行，优化系统性能等。在安全管理中，日志系统通过记录被拒绝的访问，可以反映系统错误操作和恶意攻击的情况，它也是系统安全审计的主要方法之一。在高可靠的系统中，日志记录的信息能准确、及时反映系统的状况，从而可以保障系统运行的连续性。业务系统运行时，会把请求运行情况、异常情况记录在日志文件里。不同语言开发的业务系统有不同的日志数据生成格式，同时也与运行容器（IIS、Tomcat等）的配置有关。

通过分析业务系统产生的日志数据，可以分析业务系统的访问量、运行状态、异常情况、功能访问分布等情况；当系统发生问题时，可以快速定位系统异常问题的发生位置。

（1）日志概述

日志主要包括系统日志、安全日志和应用程序日志。系统开发人员和系统维护人员可以通过日志来了解服务器软硬件信息，检验配置过程中的错误及错误发生的原因。通过分析日志可以了解系统的负荷、性能安全性，及时纠正系统的错误。

通常情况下，日志分散在不同的存储设备上，如果管理数百台服务器，使用依次查看每台机器的传统方法查阅日志，效果不好。目前，很多公司都使用集中化管理日志，比如，开源的syslog，将所有服务器上的日志收集汇总。

在对日志进行集中化管理的过程中，可以将所有机器上的日志进行收集。完整的日志具有以下作用：

信息查找：通过检索日志信息可以找出系统中存在的bug，并根据日志进行bug修改。

服务诊断：通过对日志信息进行统计分析，了解服务的负荷和服务运行状态，找出耗时请求并进行优化。

数据分析：如果是格式化的log，则可以做进一步的数据分析，统计、聚合出有意义的信息。

（2）ELK概述

ELK主要用于收集集群日志，从而对日志进行有效的查询和检索。ELK由Elastic Search、Logstash和Kibana三个开源工具组成。

ElasticSearch是一个基于Lucene的开源分布式搜索服务器，拥有零配置、分布式、索引自动分片、自动发现、索引副本即止、自动搜索负载等特点。它提供了一个分布式多用户能力的全文搜索引擎，基于RESTful Web接口，使用Java语言开发，并作为Apache许可条款下的开放源码发布，主要用于云计算，能够实时搜索，稳定、可靠、快速，安装使用方便。

Logstash的主要功能是对日志进行收集、过滤并将其存储，方便以后搜索，自带一个Web界面，可以搜索和展示所有日志。

Kibana是一款基于浏览器页面的ElasticSearch前端展示工具，可以为Logstash和ElasticSearch提供日志分析和友好的Web界面，主要用于汇总、分析和搜索重要数据日志。

在安装过程中，这几个软件彼此之间存在一定的依赖关系，Kibana依赖ElasticSearch，Logstash数据输出到ElasticSearch，ElasticSearch数据来源依赖于Logstash。按照依赖顺序安装相应的服务：ElasticSearch->Logstash->Kibana。

3. 业务系统的开发语言与技术框架

不同的开发语言开发的业务系统产生的日志数据格式是不一样的。在现实生活中，用于开发业务系统常用的开发语言有.NET、Java等。

（1）.NET

.NET是微软公司旗下的一种用于软件开发的技术。.NET Framework 是指.NET的运行环境。.Net平台是微软搭建的技术平台，技术人员在此平台上进行应用软件的开发。它提供了运行所必需的环境.NET Framework类库以及CLR（公共语言运行时）。

大多数.NET的日志框架有着一些共同的概念和特性。根据作用来分主要有以下组件或概念：记录器（Logger）、监视器/目标（Monitor/Target）、包装器（Wrapper）、过滤器（Filter）、布局（Layout）、严重性级别（Severity）。

1）记录器：日志的对象，可以同时连接一个或多个不同的监视器，记录各种不同的信息。

2）监视器：用于存储和显示日志消息的媒介，有多种存在形式。如，一般的文本文件、数据库、网络、控制台、邮箱等。

3）包装器：用于制定日志记录的方式。如，同步/异步记录、（出错时）回滚记录。

4）过滤器：用于根据严重性级别来过滤和忽略某类消息，只记录特定级别的日志消息。

5）布局：用于格式化输出。定义输出项和输出格式。

6）严重性级别：是对消息的分类，严重性级别表示消息的严重程度。也是过滤器的过滤依据。如，调试（DEBUG）、消息（INFO）、警告（WARN）、错误（ERROR）、严重错误（FATAL），严重性依次增强。

现在，已经有很多成熟的.NET日志工具，主流的日志工具和框架有NLog、log4net、Enterprise Library、ObjectGuy Framework等。

（2）Java

Java是由Sun Microsystems公司于1995年5月推出的Java面向对象程序设计语言和Java平台的总称。由James Gosling和同事们共同研发，并在1995年正式推出。

Java分为三个体系：

Java SE（J2SE）（Java2 Platform Standard Edition，Java平台标准版）。

Java EE（J2EE）（Java 2 Platform Enterprise Edition，Java平台企业版）。

Java ME（J2ME）（Java 2 Platform Micro Edition，Java平台微型版）。

常用的日志框架有Log4j、Slf4j、Logback。

在JDK1.3及以前，Java打日志依赖System.out.println()、System.err.println()或者e.printStackTrace()，Debug日志被写到STDOUT流，错误日志被写到STDERR流。这样打日志有一个非常大的缺陷，即无法定制化，且日志粒度不够细。2001年发布了Log4j，后来成为Apache基金会的顶级项目。Log4j在设计上非常优秀，对后续的Java Log框架有长久而深远的影响，它定义的Logger、Appender、Level等概念如今已经被广泛使用。Log4j的短板在于性能，在Logback和Log4j2出来之后，Log4j的使用也减少了。

Slf4j也是现在主流的日志门面框架，使用Slf4j可以很灵活地使用占位符进行参数占位，简化代码，拥有更好的可读性。

Logback是Slf4j的原生实现框架，同样也是出自Log4j，但拥有比Log4j更多的优点、特性和更强的性能，现在基本都用来代替Log4j，成为主流。

4．J2EE框架下的业务系统开发模式

（1）Java介绍

Java语言是一种面向对象的高级语言，目前全球已有上亿个系统是使用Java开发的。

Java是一门面向对象编程语言，不仅拥有C++语言的各种优点，还摒弃了C++中难以理解的多继承、指针等。因此，Java语言具有功能强大和简单易用两个明显的特征。

Java语言具有跨平台性、简单性、面向对象、安全性等特点。

1）跨平台性。

跨平台性是指软件可以不受计算机硬件和操作系统的约束而在任意计算机环境下正常运行，同时Java中自带虚拟机，能够很好地实现跨平台性。

2）简单性。

Java语言的简单性表现在Java是一种简单的面向对象程序设计语言。它省略了C++语言中所有的难以理解、容易混淆的特性，例如，头文件、指针、结构、单元、运算符重载、虚拟基础类等，更加严谨、简洁。

3）面向对象。

Java语言是一种面向对象语言，也集成了面向对象语言的诸多好处，比如，代码扩展和代码复用等。

4）安全性。

Java语言编译时要进行Java语言和语义检查，保证每个变量对应一个相应的值，编译后生成Java类。运行时Java类需要类加载器载入，并经由字节码校验器校验之后才可以运行。Java类在网络上使用时对权限进行了设置，保证了被访问用户的安全性。

Java程序运行过程如图9-8所示。程序员编写的源代码经编译器编译转化为字节码，字节码被加载到JVM中，由JVM解释成机器码在计算机上运行。

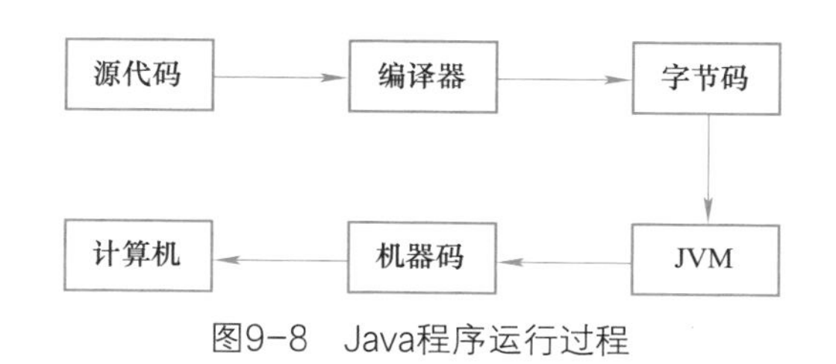

图9-8　Java程序运行过程

（2）Java的用途

Java是一种常用的计算机编程语言，它是每位程序员必学的语言之一。学习Java主要有以下用途。

1）可以用来编写网站。

现在很多大型网站都用JSP（Java Server Pages）编写，它是一种动态网页技术，比如，人们熟悉的淘宝、天猫、163邮箱、一些政府网站等都是采用JSP编写的。

2）可以用来编写软件。

一般编程语言都可以编写软件，Java也不例外，例如，Eclipse、MyEclipse等知名Java开发工具。有关开发软件组件可以了解JavaSwing编程或者AWT相关知识。

3）可以编写Android软件。

Android是一种基于Linux的自由及开放源代码的操作系统，其源代码是Java。所以市场上见到的手机系统，例如，MIUI、阿里云、乐蛙等都是修改源代码再发行的。Java编写安卓软件除了系统之外还有App。

4）可以编写游戏软件。

在诺基亚手机还很流行的时候，手机游戏有90%以上都是用Java开发的。计算机上也有用Java开发的游戏，经典的如《我的世界》（Mine Craft，MC）。

现在流行的基于B/S（浏览器/服务器）架构的管理程序很多就是用Java开发的。

（3）Java EE简介

Java EE（Java Enterprise Edition）是建立在Java平台上的企业级应用的解决方案。Java EE基于Java SE（Java Standard Edition）平台，提供了一组用于开发和运行的可移植的、健壮的、可伸缩的、可靠的和安全的服务器应用程序API（Application Programming Interface）。

Java EE是J2EE的升级版本，它具有J2EE平台的所有功能，同时对EJB、Servlet、JSP、XML等技术也有较好的支持。Java EE设计的目标是为企业级应用提供一种体系结构，使企业级应用的开发、部署以及管理等问题变得更加简单。另外，Java EE是一个标准，各平台开发商则依据该标准开发出不同的应用服务器。Sun公司推出Java EE框架的目的是弥补传统C/S架构模式应用的不足，来适应日益增长的B/S架构应用的开发。

Java EE为企业应用开发提供了大量的有价值的服务。包括开发具有扩展性、安全性及易维护性的分布式应用，支持大多数系统和功能的服务。在Java EE应用中，通常采用表现层（UI）、业务逻辑层（BLL）、数据访问层（DAL）的三层架构模型。图9-9是一个典型的Java EE企业应用的三层结构模型。

表示层：处于Java EE应用中的最上层，是直接面向用户的一种交互形式，通常的形式是页面，主要用于显示数据和接收数据。同时，还负责检查用户输入的数据的正确性和有效性，展现样式，传递各种友好提示信息。

业务逻辑层：作为一个中间层，在数据的交换过程中起到关键的作用，对数据业务逻辑进行处理。

数据访问层：其作用是负责数据的持久化，持久化载体可以是关系数据库系统、文件、

LDAP服务器等，直接操作数据库。对数据库进行新增、修改、删除、查找等。

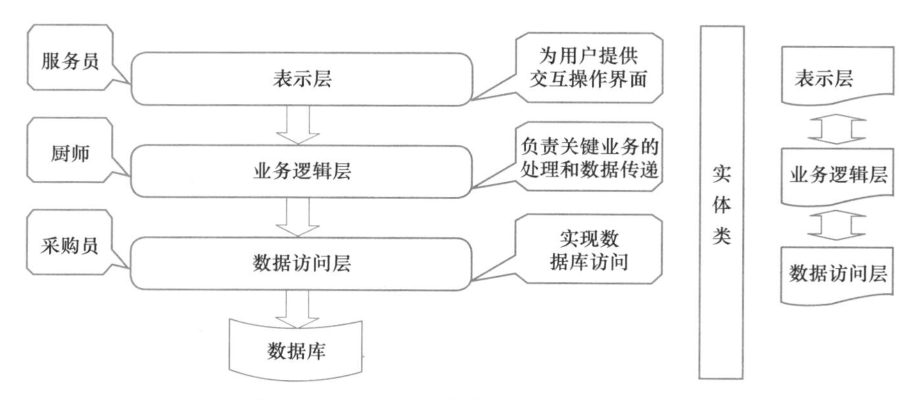

图9-9　Java EE企业应用的三层结构模型

（4）JavaEE下的两大框架对比

JavaEE下有两个应用比较多的框架，分别是SSH（Spring+Struts2+Hibernate）和SSM（Spring+Spring MVC+MyBaitis）。

在实际开发过程中，两个框架具有以下共性：

1）两个框架都是IoC容器+MVC框架+ORM框架。

IoC容器是把创建和查找依赖对象的控制权交给容器而不是自己实例化对象。

MVC框架采用MVC分层，模型层处理数据逻辑，通常是模型对象在数据库存取数据，视图层处理数据显示，控制器层处理用户交互，通常从视图读取数据，控制用户输入，并向模型发送数据。

ORM框架即对象—关系映射模型，在数据库表和持久化对象间进行映射，这样在操作数据库时只需要操作对象。其中SSH框架使用的是Hibernate，SSM框架使用的是MyBaitis。MyBatis的SQL语句是手动编写的，可以进行更细致的SQL优化，可以减少查询字段，具有高度灵活、可优化、易维护的特点。但需要维护SQL和结果映射，工作量大。Hibernate面向对象查询，以对象化的思维操作数据库，HQL与具体的数据库无关，移植性更好。

2）在IoC容器方面，SSH和SSM框架都包含Spring。

Spring是轻量级的IoC和AOP容器。IoC容器是Spring的核心，负责创建对象、管理对象、装配对象、配置对象并且管理这些对象的整个生命周期。管理对象动态向某个对象提供其他对象，通过依赖注入来实现。Spring有三种注入方式：接口注入、Set注入和构造注入。Spring AOP即面向切面编程，可以用在日志和事务管理等方面。

（5）微服务架构

微服务架构是围绕微服务思想构建的一系列结果的简称，是一种在传统软件应用架构的基础上按照功能拆分为更加细粒度的服务，拆分出的每个服务都是一个独立的应用。微服务架构的技术选型见表9-1。

表9-1 微服务架构的技术选型

服务	技术
微服务实例的开发	SpringBoot
服务的注册与发现	Spring Cloud Eureka
负载均衡	Spring Cloud Ribbon
服务容错	Spring Cloud Hystrix
API网关	Spring Cloud Zuul
分布式配置中心	Spring Cloud Config
调试	Swagger
部署	Docker

1）Spring Boot。

Spring Boot集成了原有Spring框架的优秀基因，省去了Spring烦琐的配置，使用Spring Boot很容易创建一个独立运行（运行Jar,内嵌Servlet容器）、准生产级别的基于Spring框架的项目。Spring Boot具有以下作用:

① 可以独立运行的Spring项目：可以以Jar的形式独立运行，通过java -jar xx.jar即可运行。

② 内嵌Servlet容器：可以选择内嵌Tomcat、Jetty等。

③ 提供Servlet简化Maven配置：一个Maven项目使用了jar spring-boot-starter-web时就会自动加载Spring-boot的依赖包。

④ 自动配置Spring：Spring Boot会根据在类路径中的Jar包、类，为Jar包中的类自动封装配置Bean。

⑤ 无代码生成和XML配置：主要通过条件注解来实现。

2）Spring Cloud。

Spring Cloud为开发人员提供了快速构建分布式系统中一些常见模式的工具（例如，配置管理、服务发现、断路器、智能路由、微代理、控制总线）。分布式系统的协调导致了样板模式,开发人员使用Spring Cloud可以快速地支持实现这些模式的服务和应用程序。它们在分布式环境中运行良好，包括开发人员自己的笔记本计算机、裸机数据中心以及Cloud Foundry等托管平台。Spring Cloud流程如图9-10所示。

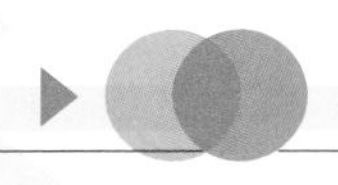

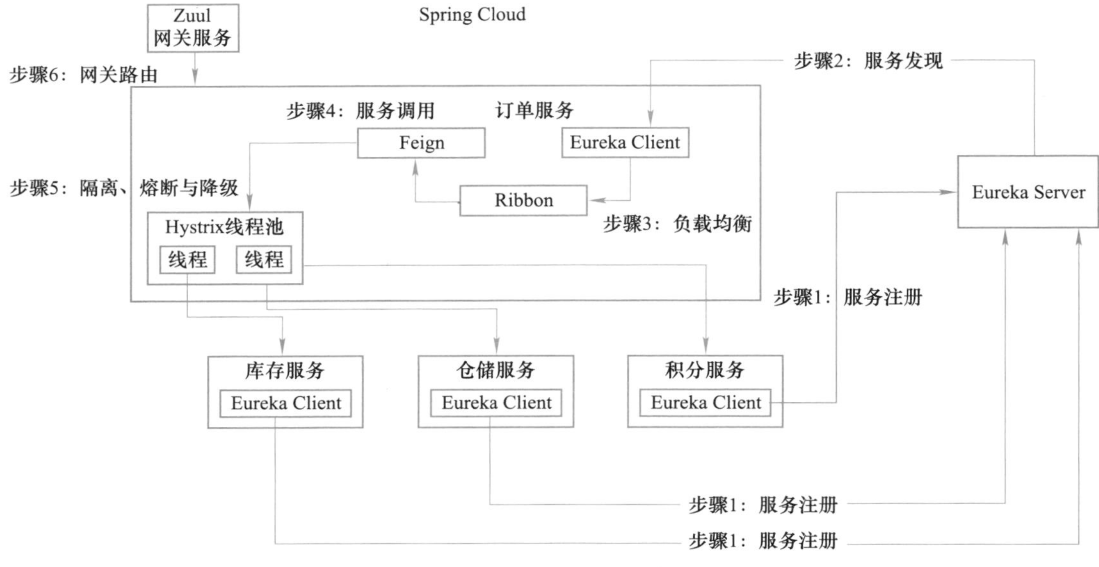

图9-10　Spring Cloud流程

项目总体评价

通过学习本项目，检查自己是否掌握了以下技能，在技能检测表中标出已掌握的技能。

评价标准	个人评价	小组评价	教师评价
能够创建Spring Boot项目			
能够运行Spring Boot项目			

备注：A为能做到，B为基本能做到，C为部分能做到，D为基本做不到。

Project 10

项目 10 项目实战：业务系统日志数据采集

项目情境

经理：小张，创建完Spring Boot项目后，知道下一步需要做什么工作吗？

小张：经理，日志采集工具在前面已经学习过，是不是要搭建环境。

经理：没错，第一步需要下载软件。

小张：软件分为Linux和Windows版本，需要使用哪个呢？

经理：其他人的基础比较薄弱，使用Windows版本的软件吧。

小张：好的，没问题。

经理：搭建完环境之后，在Spring Boot添加相关的配置，实现业务系统日志数据的采集。

小张：好的。

小张和经理谈完话后，使用filebeat采集Spring Boot项目里的日志，使用Logstash接收日志数据并拆分，保存在MySQL数据库中。

学习目标

【知识目标】

- 了解Filebeat的下载方式
- 掌握Filebeat的启动方式
- 掌握Filebeat的配置方式
- 掌握Logstash的用法及配置

- 掌握数据库存储日志的方法

【技能目标】

- 能够成功配置Filebeat
- 能够成功配置Logstash
- 能够成功存储数据

扫码看视频

任务步骤

在配置之前创建一个名为test的数据库，并创建一个名为web_crawler_indata_tbl的数据库表，数据库表拥有id、name、update_date3个字段。

第一步：打开项目9中创建成功的Spring Boot项目，新建logging-config. xml，配置输出日志为“D:/logs/”。代码如下。

```
<?xml version="1.0" encoding="UTF-8"?>
<!-- 日志级别从低到高分为TRACE < DEBUG < INFO < WARN < ERROR < FATAL，如果设置为WARN，则低于WARN的信息都不会输出 -->
<!-- scan:当此属性设置为true时，配置文件如果发生改变，将会被重新加载，默认值为true -->
<!-- scanPeriod:设置监测配置文件是否有修改的时间间隔，如果没有给出时间单位，则默认单位是毫秒。当scan为true时，此属性生效。默认的时间间隔为1分钟。 -->
<!-- debug:当此属性设置为true时，将打印出logback内部日志信息，实时查看logback运行状态。默认值为false。 -->
<configuration  scan="true" scanPeriod="10 seconds">

    <!--<include resource="org/springframework/boot/logging/logback/base.xml" />-->

    <contextName>logback</contextName>
    <!-- name的值是变量的名称，value的值是变量定义的值。通过定义的值会被插入logger上下文中。定义变量后，可以使“${}”来使用变量。 -->
    <property name="log.path" value="d:/logs/" />

    <!-- 彩色日志 -->
    <!-- 彩色日志依赖的渲染类 -->
    <conversionRule conversionWord="clr" converterClass="org.springframework.boot.logging.logback.ColorConverter" />
    <conversionRule conversionWord="wex" converterClass="org.springframework.boot.logging.logback.WhitespaceThrowableProxyConverter" />
    <conversionRule conversionWord="wEx" converterClass="org.springframework.boot.logging.logback.ExtendedWhitespaceThrowableProxyConverter" />
    <!-- 彩色日志格式 -->
```

```
        <property name="CONSOLE_LOG_PATTERN" value="${CONSOLE_LOG_PATTERN:-%clr
(%d{yyyy-MM-dd HH:mm:ss.SSS}){faint} %clr(${LOG_LEVEL_PATTERN:-%5p}) %clr(${PID:- }){magenta}
%clr(---){faint} %clr([%15.15t]){faint} %clr(%-40.40logger{39}){cyan} %clr(:){faint} %m%n${LOG_
EXCEPTION_CONVERSION_WORD:-%wEx}}"/>


        <!--输出到控制台-->
        <appender name="CONSOLE" class="ch.qos.logback.core.ConsoleAppender">
            <!--此日志appender是为开发使用的，只配置最低级别，控制台输出的日志级别是大于或
等于此级别的日志信息-->
            <filter class="ch.qos.logback.classic.filter.ThresholdFilter">
                <level>debug</level>
            </filter>
            <encoder>
                <Pattern>${CONSOLE_LOG_PATTERN}</Pattern>
                <!-- 设置字符集 -->
                <charset>UTF-8</charset>
            </encoder>
        </appender>


        <!--输出到文件-->

        <!-- 时间滚动输出 level为 DEBUG的日志 -->
        <appender name="DEBUG_FILE" class="ch.qos.logback.core.rolling.RollingFileAppender">
            <!-- 正在记录的日志文件的路径及文件名 -->
            <file>${log.path}/log_debug.log</file>
            <!--日志文件输出格式-->
            <encoder>
                <pattern>%d{yyyy-MM-dd HH:mm:ss.SSS} [%thread] %-5level %logger{50} -
%msg%n</pattern>
                <charset>UTF-8</charset> <!-- 设置字符集 -->
            </encoder>
            <!-- 日志记录器的滚动策略，按日期、按大小记录 -->
            <rollingPolicy class="ch.qos.logback.core.rolling.TimeBasedRollingPolicy">
                <!-- 日志归档 -->
    <fileNamePattern>${log.path}/debug/log-debug-%d{yyyy-MM-dd}.%i.log</fileNamePattern>
                <timeBasedFileNamingAndTriggeringPolicy class="ch.qos.logback.core.rolling.
SizeAndTimeBasedFNATP">
                    <maxFileSize>100MB</maxFileSize>
                </timeBasedFileNamingAndTriggeringPolicy>
                <!--日志文件保留天数-->
                <maxHistory>15</maxHistory>
```

```
        </rollingPolicy>
        <!-- 此日志文件只记录DEBUG级别的 -->
        <filter class="ch.qos.logback.classic.filter.LevelFilter">
            <level>debug</level>
            <onMatch>ACCEPT</onMatch>
            <onMismatch>DENY</onMismatch>
        </filter>
    </appender>

    <!-- 时间滚动输出 level为 INFO的日志 -->
    <appender name="INFO_FILE" class="ch.qos.logback.core.rolling.RollingFileAppender">
        <!-- 正在记录的日志文件的路径及文件名 -->
        <file>${log.path}/log_info.log</file>
        <!--日志文件输出格式-->
        <encoder>
            <pattern>%d{yyyy-MM-dd HH:mm:ss.SSS} [%thread] %-5level %logger{50} -
%msg%n</pattern>
            <charset>UTF-8</charset>
        </encoder>
        <!-- 日志记录器的滚动策略，按日期、按大小记录 -->
        <rollingPolicy class="ch.qos.logback.core.rolling.TimeBasedRollingPolicy">
            <!-- 每天的日志的归档路径以及格式 -->
    <fileNamePattern>${log.path}/info/log-info-%d{yyyy-MM-dd}.%i.log</fileNamePattern>
             <timeBasedFileNamingAndTriggeringPolicy class="ch.qos.logback.core.rolling.
SizeAndTimeBasedFNATP">
                <maxFileSize>100MB</maxFileSize>
          </timeBasedFileNamingAndTriggeringPolicy>
          <!--日志文件的保留天数-->
          <maxHistory>15</maxHistory>
        </rollingPolicy>
        <!-- 此日志文件只记录INFO级别的 -->
        <filter class="ch.qos.logback.classic.filter.LevelFilter">
            <level>info</level>
            <onMatch>ACCEPT</onMatch>
            <onMismatch>DENY</onMismatch>
        </filter>
    </appender>

    <!-- 时间滚动输出 level为 WARN的日志 -->
    <appender name="WARN_FILE" class="ch.qos.logback.core.rolling.RollingFileAppender">
        <!-- 正在记录的日志文件的路径及文件名 -->
        <file>${log.path}/log_warn.log</file>
        <!--日志文件输出格式-->
```

```
            <encoder>
                <pattern>%d{yyyy-MM-dd HH:mm:ss.SSS} [%thread] %-5level %logger{50} -
%msg%n</pattern>
                <charset>UTF-8</charset> <!-- 此处设置字符集 -->
            </encoder>
            <!-- 日志记录器的滚动策略，按日期、按大小记录 -->
            <rollingPolicy class="ch.qos.logback.core.rolling.TimeBasedRollingPolicy">
    <fileNamePattern>${log.path}/warn/log-warn-%d{yyyy-MM-dd}.%i.log</fileNamePattern>
                <timeBasedFileNamingAndTriggeringPolicy class="ch.qos.logback.core.rolling.
SizeAndTimeBasedFNATP">
                    <maxFileSize>100MB</maxFileSize>
                </timeBasedFileNamingAndTriggeringPolicy>
                <!--日志文件的保留天数-->
                <maxHistory>15</maxHistory>
            </rollingPolicy>
            <!-- 此日志文件只记录WARN级别的 -->
            <filter class="ch.qos.logback.classic.filter.LevelFilter">
                <level>warn</level>
                <onMatch>ACCEPT</onMatch>
                <onMismatch>DENY</onMismatch>
            </filter>
        </appender>


        <!-- 时间滚动输出 level为 ERROR的日志 -->
        <appender name="ERROR_FILE" class="ch.qos.logback.core.rolling.RollingFileAppender">
            <!-- 正在记录的日志文件的路径及文件名 -->
            <file>${log.path}/log_error.log</file>
            <!--日志文件输出格式-->
            <encoder>
                <pattern>%d{yyyy-MM-dd HH:mm:ss.SSS} [%thread] %-5level %logger{50} -
%msg%n</pattern>
                <charset>UTF-8</charset> <!-- 此处设置字符集 -->
            </encoder>
            <!-- 日志记录器的滚动策略，按日期、按大小记录 -->
            <rollingPolicy class="ch.qos.logback.core.rolling.TimeBasedRollingPolicy">
    <fileNamePattern>${log.path}/error/log-error-%d{yyyy-MM-dd}.%i.log</fileNamePattern>
                <timeBasedFileNamingAndTriggeringPolicy class="ch.qos.logback.core.rolling.
SizeAndTimeBasedFNATP">
                    <maxFileSize>100MB</maxFileSize>
                </timeBasedFileNamingAndTriggeringPolicy>
                <!--日志文件的保留天数-->
                <maxHistory>15</maxHistory>
```

```
            </rollingPolicy>
            <!-- 此日志文件只记录ERROR级别的 -->
            <filter class="ch.qos.logback.classic.filter.LevelFilter">
                <level>ERROR</level>
                <onMatch>ACCEPT</onMatch>
                <onMismatch>DENY</onMismatch>
            </filter>
        </appender>

        <root level="info">
            <appender-ref ref="CONSOLE" />
            <appender-ref ref="DEBUG_FILE" />
            <appender-ref ref="INFO_FILE" />
            <appender-ref ref="WARN_FILE" />
            <appender-ref ref="ERROR_FILE" />
        </root>

    </configuration>
```

第二步：打开Filebeat官网，如图10-1所示。单击“WINDOWS ZIP 64-BIT”按钮下载。

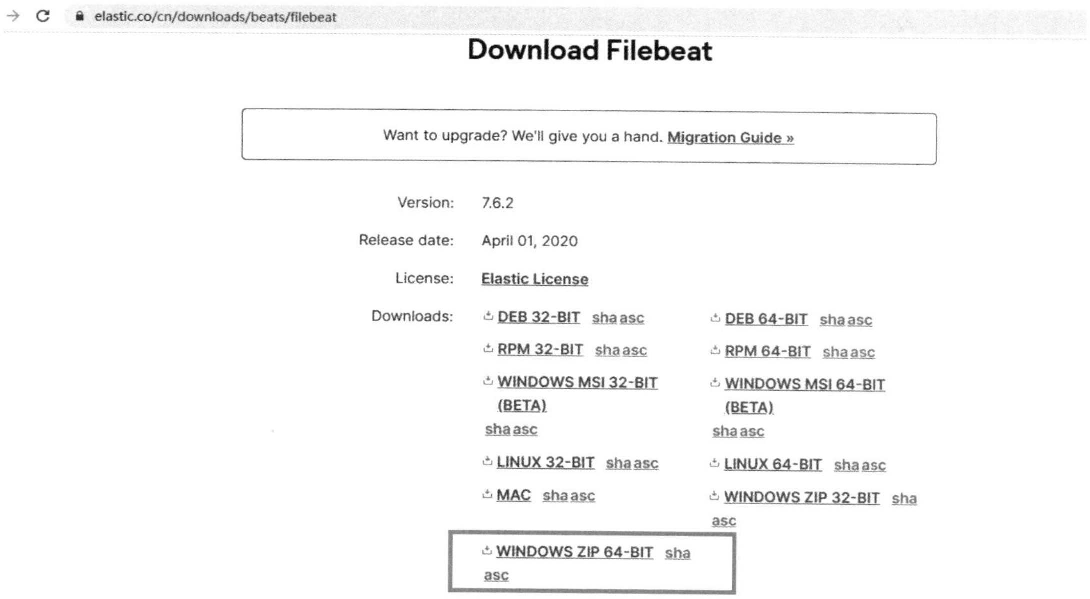

elastic.co/cn/downloads/beats/filebeat

Download Filebeat

Want to upgrade? We'll give you a hand. Migration Guide »

Version: 7.6.2

Release date: April 01, 2020

License: Elastic License

Downloads:

DEB 32-BIT sha asc | DEB 64-BIT sha asc

RPM 32-BIT sha asc | RPM 64-BIT sha asc

WINDOWS MSI 32-BIT (BETA) sha asc | WINDOWS MSI 64-BIT (BETA) sha asc

LINUX 32-BIT sha asc | LINUX 64-BIT sha asc

MAC sha asc | WINDOWS ZIP 32-BIT sha asc

WINDOWS ZIP 64-BIT sha asc

图10-1　下载Filebeat软件

第三步：解压下载的文件，如图10-2所示。

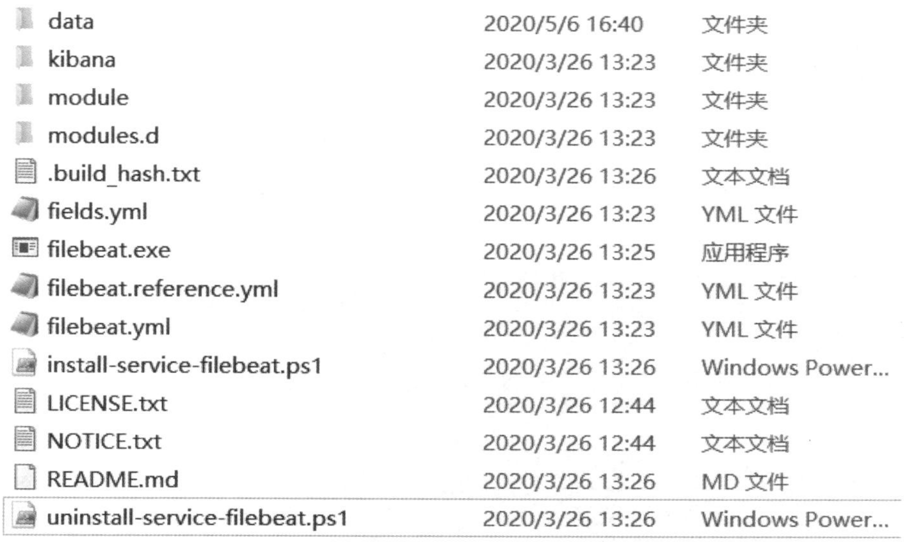

data	2020/5/6 16:40	文件夹
kibana	2020/3/26 13:23	文件夹
module	2020/3/26 13:23	文件夹
modules.d	2020/3/26 13:23	文件夹
.build_hash.txt	2020/3/26 13:26	文本文档
fields.yml	2020/3/26 13:23	YML 文件
filebeat.exe	2020/3/26 13:25	应用程序
filebeat.reference.yml	2020/3/26 13:23	YML 文件
filebeat.yml	2020/3/26 13:23	YML 文件
install-service-filebeat.ps1	2020/3/26 13:26	Windows Power...
LICENSE.txt	2020/3/26 12:44	文本文档
NOTICE.txt	2020/3/26 12:44	文本文档
README.md	2020/3/26 13:26	MD 文件
uninstall-service-filebeat.ps1	2020/3/26 13:26	Windows Power...

图10-2　解压filebeat文件

第四步：打开filebeat.yml，对日志采集输入进行配置。设置paths路径为“D:/logs/*”，如图10-3所示。

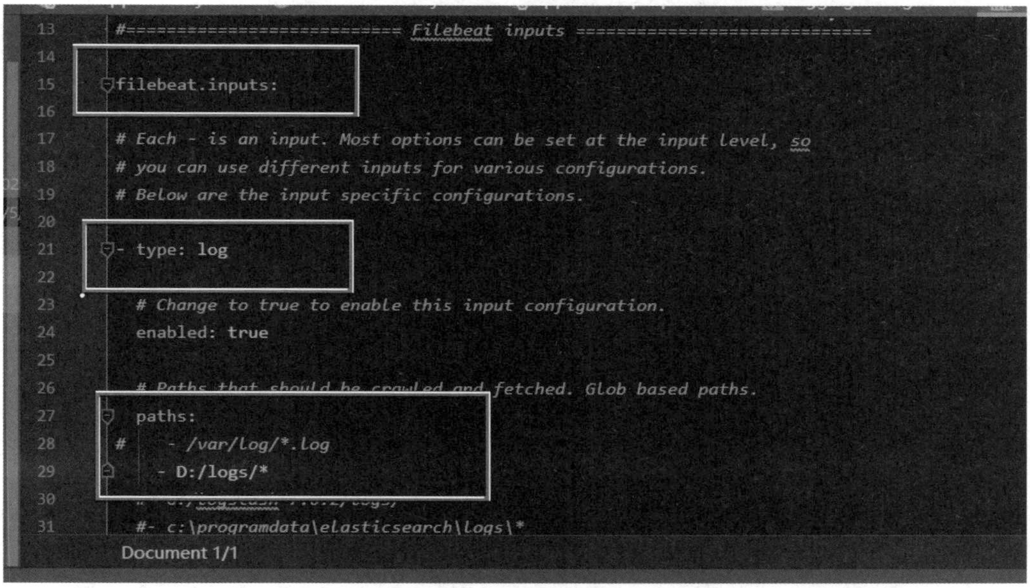

```
13  #========================== Filebeat inputs =============================
14
15  filebeat.inputs:
16
17  # Each - is an input. Most options can be set at the input level, so
18  # you can use different inputs for various configurations.
19  # Below are the input specific configurations.
20
21  - type: log
22
23    # Change to true to enable this input configuration.
24    enabled: true
25
26    # Paths that should be crawled and fetched. Glob based paths.
27    paths:
28  #    - /var/log/*.log
29      - D:/logs/*
30
31    #- c:\programdata\elasticsearch\logs\*
Document 1/1
```

图10-3　配置filebeat.yml

其中type：log类型是日志，该配置可重复使用，表示多个输入，下面的属性都放在该配置之下。

enabled：true，开启该功能。

paths：路径/*.log，配置日志文件的输入路径，如果‘-’后面没有空格，就是相对路径，如果有空格，就是绝对路径。

第五步：在filebeat目录下新建一个run. bat，在其中输入如下代码。

```
.\filebeat -e -c filebeat.yml
```

启动Filebeat，如图10-4所示。

```
C:\Windows\system32\cmd.exe
": "G:\\filebeat-7.6.2-windows-x86_64", "exe": "G:\\filebeat-7.6.2-windows-x86_64\\filebeat.exe", "name": "filebeat.exe
, "pid": 22196, "ppid": 11320, "start_time": "2020-05-06T21:36:33.777+0800"}}}
2020-05-06T21:36:34.060+0800    INFO    instance/beat.go:298    Setup Beat: filebeat; Version: 7.6.2
2020-05-06T21:36:34.060+0800    INFO    [publisher]    pipeline/module.go:110  Beat name: LAPTOP-HFLJU2CL
2020-05-06T21:36:34.061+0800    WARN    beater/filebeat.go:152  Filebeat is unable to load the Ingest Node pipelines for
 the configured modules because the Elasticsearch output is not configured/enabled. If you have already loaded the Inges
 Node pipelines or are using Logstash pipelines, you can ignore this warning.
2020-05-06T21:36:34.062+0800    INFO    instance/beat.go:439    filebeat start running.
2020-05-06T21:36:34.062+0800    INFO    [monitoring]    log/log.go:118  Starting metrics logging every 30s
2020-05-06T21:36:34.062+0800    INFO    registrar/registrar.go:145      Loading registrar data from G:\filebeat-7.6.2-wi
ndows-x86_64\data\registry\filebeat\data.json
2020-05-06T21:36:34.063+0800    INFO    registrar/registrar.go:152      States Loaded from registrar: 2
2020-05-06T21:36:34.063+0800    WARN    beater/filebeat.go:368  Filebeat is unable to load the Ingest Node pipelines for
 the configured modules because the Elasticsearch output is not configured/enabled. If you have already loaded the Inges
 Node pipelines or are using Logstash pipelines, you can ignore this warning.
2020-05-06T21:36:34.064+0800    INFO    crawler/crawler.go:72   Loading Inputs: 1
2020-05-06T21:36:34.064+0800    INFO    log/input.go:152        Configured paths: [D:\logs\*]
2020-05-06T21:36:34.064+0800    INFO    input/input.go:114      Starting input of type: log; ID: 4214573274168893232
2020-05-06T21:36:34.065+0800    INFO    crawler/crawler.go:106  Loading and starting Inputs completed. Enabled inputs: 1

2020-05-06T21:36:34.065+0800    INFO    cfgfile/reload.go:175   Config reloader started
2020-05-06T21:36:34.065+0800    INFO    log/harvester.go:297    Harvester started for file: D:\logs\log_debug.log
2020-05-06T21:36:34.066+0800    INFO    log/harvester.go:297    Harvester started for file: D:\logs\log_error.log
2020-05-06T21:36:34.066+0800    INFO    cfgfile/reload.go:235   Loading of config files completed.
2020-05-06T21:36:34.079+0800    INFO    log/harvester.go:297    Harvester started for file: D:\logs\log_info.log
2020-05-06T21:36:34.079+0800    INFO    log/harvester.go:297    Harvester started for file: D:\logs\log_warn.log
2020-05-06T21:36:37.038+0800    INFO    add_cloud_metadata/add_cloud_metadata.go:89     add_cloud_metadata: hosting prov
ider type not detected.
2020-05-06T21:36:38.041+0800    INFO    pipeline/output.go:95   Connecting to backoff(async(tcp://localhost:5044))
```

图10-4　Filebeat启动成功

第六步：下载Windows版本的Logstash。

第七步：对Logstash日志输出配置。因为使用Logstash收集日志，所以需要注释掉默认的ElasticSearch配置并取消Logstash的注释，如图10-5所示。

```
150  #output.elasticsearch:
151  #  # Array of hosts to connect to.
152  #  hosts: ["localhost:9200"]
153
154    # Protocol - either `http` (default) or `https`.
155    #protocol: "https"
156
157    # Authentication credentials - either API key or username/password.
158    #api_key: "id:api_key"
159    #username: "elastic"
160    #password: "changeme"
161
162  #---------------------------- Logstash output ------------------------------
163  output.logstash:
164    #The Logstash hosts
165    hosts: ["localhost:5044"]
166
```


图10-5　配置Logstash日志输出

第八步：配置Logstash。打开“\logstash-7.6.2\config”创建logstash-test.conf文件，内容如下。

```
input {
    beats{
     port=>5044
    }
}
output {
    stdout{
    }
}
```

此处的端口需要和Filebeat中配置的端口一致。

第九步：安装logstash-output-jdbc。进入logstash目录下执行如下命令。

```
./bin/logstash-plugin install logstash-output-jdbc
```

第十步：配置输出方式为写入数据库，代码如下。

```
output {

    stdout{
        codec => rubydebug
    }

      # to do
      jdbc {
            driver_jar_path => "./lib/mysql-connector-java-5.1.48.jar"
            driver_class => "com.mysql.jdbc.Driver"
            connection_string => "jdbc:mysql://192.168.99.100:3306/test?user=root&password=testpw"
            statement => [ "INSERT INTO web_crawler_indata_tbl (id,name,update_date) VALUES(?,?,?)",
"id" ,"clientip", "@timestamp" ]
    }
}
```

第十一步：在“\logstash-7.6.2\bin”目录下运行命令“-logstash -f..\config\logstash-filebeat-mysql.conf”，如图10-6所示。

第十二步：打开数据库，查看效果，如图10-7所示。

```
C:\Windows\System32\cmd.exe - logstash -f ..\config\logstash-filebeat-mysql.conf
or server certificate verification.
Wed May 06 21:49:43 CST 2020 WARN: Establishing SSL connection without server's identity verification is not recommended
 According to MySQL 5.5.45+, 5.6.26+ and 5.7.6+ requirements SSL connection must be established by default if explicit
option isn't set. For compliance with existing applications not using SSL the verifyServerCertificate property is set to
'false'. You need either to explicitly disable SSL by setting useSSL=false, or set useSSL=true and provide truststore f
or server certificate verification.
Wed May 06 21:49:43 CST 2020 WARN: Establishing SSL connection without server's identity verification is not recommended
 According to MySQL 5.5.45+, 5.6.26+ and 5.7.6+ requirements SSL connection must be established by default if explicit
option isn't set. For compliance with existing applications not using SSL the verifyServerCertificate property is set to
'false'. You need either to explicitly disable SSL by setting useSSL=false, or set useSSL=true and provide truststore f
or server certificate verification.
Wed May 06 21:49:43 CST 2020 WARN: Establishing SSL connection without server's identity verification is not recommended
 According to MySQL 5.5.45+, 5.6.26+ and 5.7.6+ requirements SSL connection must be established by default if explicit
option isn't set. For compliance with existing applications not using SSL the verifyServerCertificate property is set to
'false'. You need either to explicitly disable SSL by setting useSSL=false, or set useSSL=true and provide truststore f
or server certificate verification.
[2020-05-06T21:49:45,006][WARN ][org.logstash.instrument.metrics.gauge.LazyDelegatingGauge][main] A gauge metric of an u
nknown type (org.jruby.RubyArray) has been created for key: cluster_uuids. This may result in invalid serialization.  It
 is recommended to log an issue to the responsible developer/development team.
[2020-05-06T21:49:45,006][INFO ][logstash.javapipeline    ][main] Starting pipeline {:pipeline_id=>"main", "pipeline.wor
kers"=>8, "pipeline.batch.size"=>125, "pipeline.batch.delay"=>50, "pipeline.max_inflight"=>1000, "pipeline.sources"=>["G
:/logstash-7.6.2/config/logstash-filebeat-mysql.conf"], :thread=>"#<Thread:0x39b77c6e run>"}
[2020-05-06T21:49:45,769][INFO ][logstash.inputs.beats    ][main] Beats inputs: Starting input listener {:address=>"0.0.
0.0:5044"}
[2020-05-06T21:49:45,789][INFO ][logstash.javapipeline    ][main] Pipeline started {"pipeline.id"=>"main"}
[2020-05-06T21:49:45,881][INFO ][logstash.agent           ] Pipelines running {:count=>1, :running_pipelines=>[:main], :
non_running_pipelines=>[]}
[2020-05-06T21:49:45,901][INFO ][org.logstash.beats.Server][main] Starting server on port: 5044
[2020-05-06T21:49:46,150][INFO ][logstash.agent           ] Successfully started Logstash API endpoint {:port=>9600}
```

图 10-6　运行效果

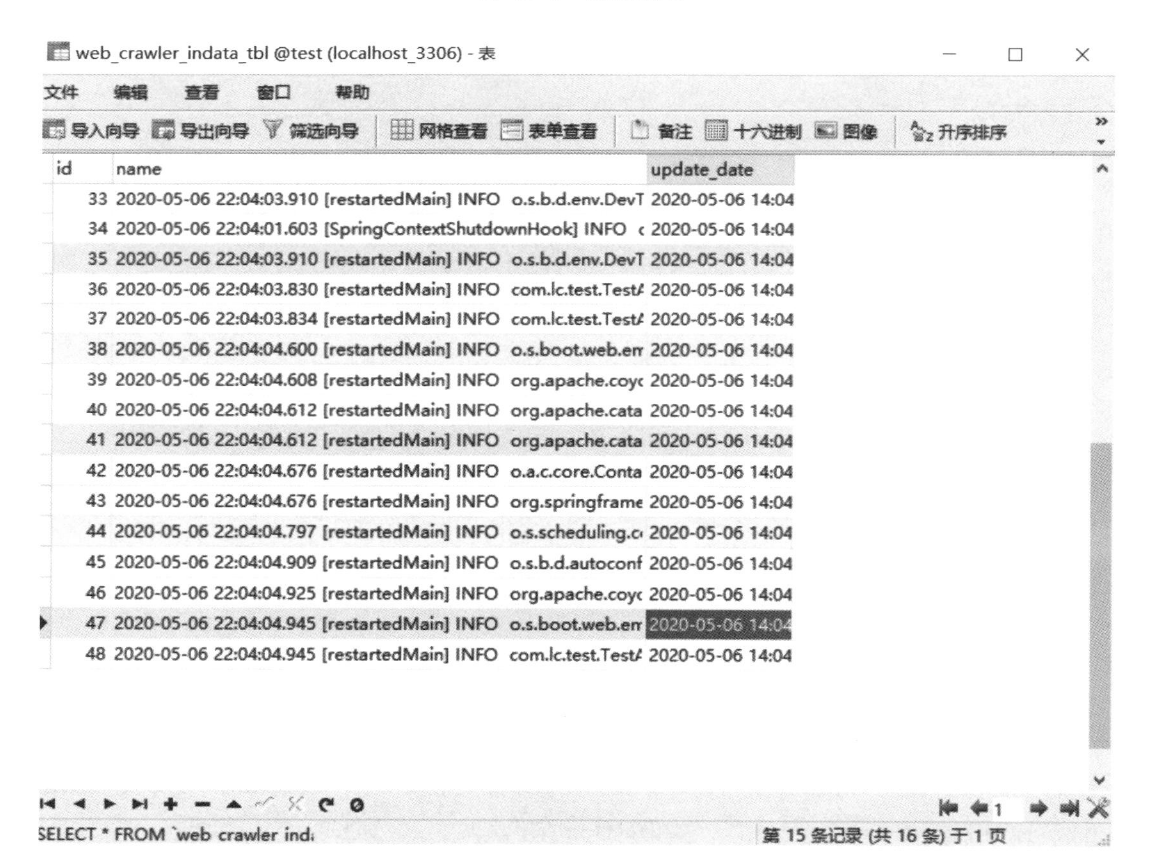

web_crawler_indata_tbl @test (localhost_3306) - 表

id	name	update_date
33	2020-05-06 22:04:03.910 [restartedMain] INFO o.s.b.d.env.DevT	2020-05-06 14:04
34	2020-05-06 22:04:01.603 [SpringContextShutdownHook] INFO c	2020-05-06 14:04
35	2020-05-06 22:04:03.910 [restartedMain] INFO o.s.b.d.env.DevT	2020-05-06 14:04
36	2020-05-06 22:04:03.830 [restartedMain] INFO com.lc.test.TestA	2020-05-06 14:04
37	2020-05-06 22:04:03.834 [restartedMain] INFO com.lc.test.TestA	2020-05-06 14:04
38	2020-05-06 22:04:04.600 [restartedMain] INFO o.s.boot.web.em	2020-05-06 14:04
39	2020-05-06 22:04:04.608 [restartedMain] INFO org.apache.coyc	2020-05-06 14:04
40	2020-05-06 22:04:04.612 [restartedMain] INFO org.apache.cata	2020-05-06 14:04
41	2020-05-06 22:04:04.612 [restartedMain] INFO org.apache.cata	2020-05-06 14:04
42	2020-05-06 22:04:04.676 [restartedMain] INFO o.a.c.core.Conta	2020-05-06 14:04
43	2020-05-06 22:04:04.676 [restartedMain] INFO org.springframe	2020-05-06 14:04
44	2020-05-06 22:04:04.797 [restartedMain] INFO o.s.scheduling.c	2020-05-06 14:04
45	2020-05-06 22:04:04.909 [restartedMain] INFO o.s.b.d.autoconf	2020-05-06 14:04
46	2020-05-06 22:04:04.925 [restartedMain] INFO org.apache.coyc	2020-05-06 14:04
47	2020-05-06 22:04:04.945 [restartedMain] INFO o.s.boot.web.em	2020-05-06 14:04
48	2020-05-06 22:04:04.945 [restartedMain] INFO com.lc.test.TestA	2020-05-06 14:04

图10-7　数据库数据插入成功

项目总体评价

通过学习本项目，检查自己是否掌握了以下技能，在技能检测表中标出已掌握的技能。

评价标准	个人评价	小组评价	教师评价
能够成功配置Filebeat			
能够成功配置Logstash			
能够成功存储数据			

备注：A为能做到，B为基本能做到，C为部分能做到，D为基本做不到。

Project 11

项目实战：数据库数据采集

项目情境

经理：小张，知道业务系统日志数据怎么采集了吗？

小张：经理，知道了，我使用ELK采集了Spring Boot项目的日志数据。

经理：不错，那你知道数据库中的数据怎么采集吗？

小张：这个还不太清楚，没研究呢。

经理：那你研究一下，采集数据库数据。

小张：好的，没问题。

小张和经理谈完话后，开始调研数据库数据采集，经查阅资料发现，也是用Logstash进行数据采集和分析，于是决定采集本地数据库文件的内容。

学习目标

【知识目标】

- 掌握Logstash的用法及配置
- 掌握数据库分析方法
- 掌握如何使用logstash-output-jdbc

【技能目标】

- 能够成功配置Logstash
- 能够成功查询和添加数据

任务步骤

第一步：准备操作MySQL。在Logstash的bin目录中新建lib目录，放入mysql-connector-java-5.1.48.jar包。

第二步：在Logstash的bin目录中新建sql文件夹，在这个文件夹里新建jdbc.sql文件，内容如下。

```
> SELECT * from expand_outline_copy
```

第三步：新建logstash.conf并配置，代码如下。

扫码看视频

```
# Sample Logstash configuration for creating a simple
# Beats -> Logstash -> Elasticsearch pipeline.

input {
    stdin {
    }
    jdbc {
      # mysql jdbc connection string to our backup databse
      jdbc_connection_string => "jdbc:mysql://localhost:3306/test"
      # the user we wish to excute our statement as
      jdbc_user => "root"
      jdbc_password => "root"
      # the path to our downloaded jdbc driver
      jdbc_driver_library => "./lib/mysql-connector-java-5.1.48.jar"
      # the name of the driver class for mysql
      jdbc_driver_class => "com.mysql.jdbc.Driver"
      jdbc_paging_enabled => "true"
      jdbc_page_size => "50000"
      statement_filepath => "./sql/jdbc.sql"
      schedule => "* * * * *"
      type => "jdbc"
    }
}
filter {
    json {
        source => "message"
        remove_field => ["message"]
```

```
        }
    }
    output {
            csv {
                path => "G:\Server\elk\output\file.csv"
                fields => ["eo_id" ,"semester", "month"]
                csv_options => {"col_sep" => "    "}
            }
        file {
                codec => json
                path => "G:\Server\elk\output\expand_outline_copy.json"
            }
        stdout {
            codec => json_lines
        }
    }
```

第四步：启动Logstash。进入Logstash的bin目录，执行如下命令。

```
logstash -f ../config/logstash.conf
```

第五步：运行效果如图11-1所示。

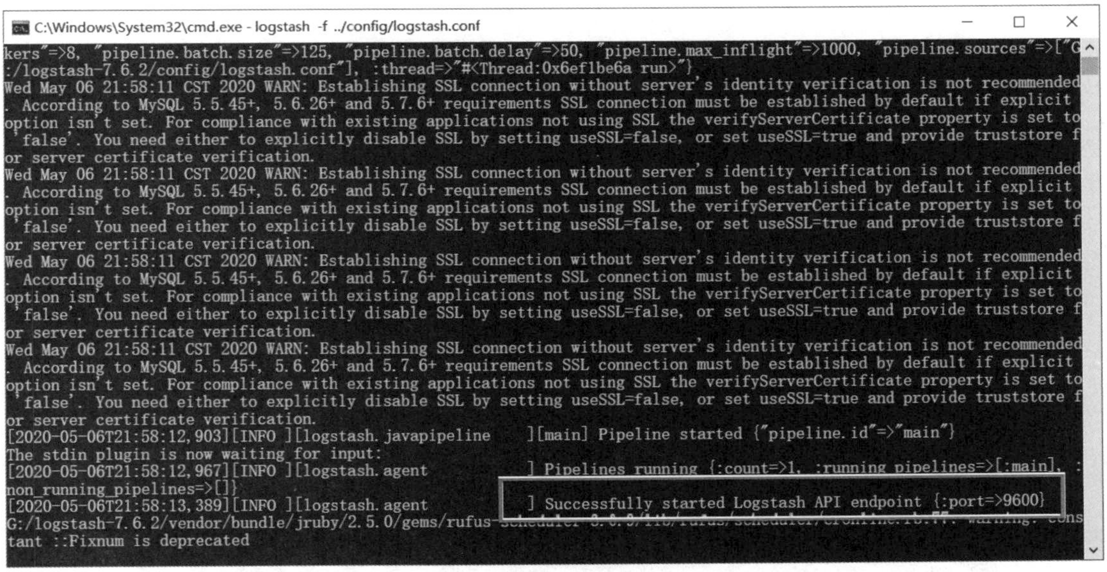

```
C:\Windows\System32\cmd.exe - logstash -f ../config/logstash.conf
kers"=>8, "pipeline.batch.size"=>125, "pipeline.batch.delay"=>50, "pipeline.max_inflight"=>1000, "pipeline.sources"=>["G
:/logstash-7.6.2/config/logstash.conf"], :thread=>"#<Thread:0x6ef1be6a run>"}
Wed May 06 21:58:11 CST 2020 WARN: Establishing SSL connection without server's identity verification is not recommended
. According to MySQL 5.5.45+, 5.6.26+ and 5.7.6+ requirements SSL connection must be established by default if explicit
option isn't set. For compliance with existing applications not using SSL the verifyServerCertificate property is set to
'false'. You need either to explicitly disable SSL by setting useSSL=false, or set useSSL=true and provide truststore f
or server certificate verification.
Wed May 06 21:58:11 CST 2020 WARN: Establishing SSL connection without server's identity verification is not recommended
. According to MySQL 5.5.45+, 5.6.26+ and 5.7.6+ requirements SSL connection must be established by default if explicit
option isn't set. For compliance with existing applications not using SSL the verifyServerCertificate property is set to
'false'. You need either to explicitly disable SSL by setting useSSL=false, or set useSSL=true and provide truststore f
or server certificate verification.
Wed May 06 21:58:11 CST 2020 WARN: Establishing SSL connection without server's identity verification is not recommended
. According to MySQL 5.5.45+, 5.6.26+ and 5.7.6+ requirements SSL connection must be established by default if explicit
option isn't set. For compliance with existing applications not using SSL the verifyServerCertificate property is set to
'false'. You need either to explicitly disable SSL by setting useSSL=false, or set useSSL=true and provide truststore f
or server certificate verification.
Wed May 06 21:58:11 CST 2020 WARN: Establishing SSL connection without server's identity verification is not recommended
. According to MySQL 5.5.45+, 5.6.26+ and 5.7.6+ requirements SSL connection must be established by default if explicit
option isn't set. For compliance with existing applications not using SSL the verifyServerCertificate property is set to
'false'. You need either to explicitly disable SSL by setting useSSL=false, or set useSSL=true and provide truststore f
or server certificate verification.
[2020-05-06T21:58:12,903][INFO ][logstash.javapipeline    ][main] Pipeline started {"pipeline.id"=>"main"}
The stdin plugin is now waiting for input:
[2020-05-06T21:58:12,967][INFO ][logstash.agent           ] Pipelines running {:count=>1, :running_pipelines=>[:main], :
non_running_pipelines=>[]}
[2020-05-06T21:58:13,389][INFO ][logstash.agent           ] Successfully started Logstash API endpoint {:port=>9600}
G:/logstash-7.6.2/vendor/bundle/jruby/2.5.0/gems/rufus-
tant ::Fixnum is deprecated
```

图11-1　启动Logstash

此时打开“G:\Server\elk\output”目录会发现有两个文件，如图11-2所示。

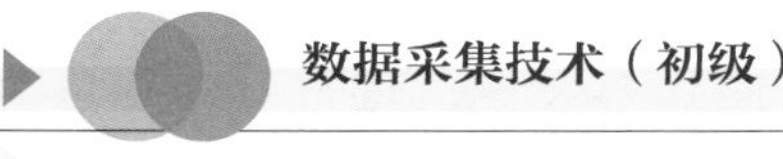

图11-2　logstash生成文件

第六步：安装logstash-output-jdbc。进入logstash目录下执行如下命令。

```
./bin/logstash-plugin install logstash-output-jdbc
```

第七步：更改配置logstash. conf，代码如下。

```
output {
    jdbc {
      driver_jar_path => "./lib/mysql-connector-java-5.1.48.jar"
      driver_class => "com.mysql.jdbc.Driver"
      connection_string => "jdbc:mysql://localhost:3306/test?user=root&password=root"
      statement => [ "INSERT INTO expand_outline_copy (eo_id,semester,month) VALUES(?,?,?)",
"eo_id" ,"semester", "month" ]
    }
    stdout {
        codec => json_lines
    }
}
```

第八步：启动Logstash，进入Logstash的bin目录，执行命令如下。

```
logstash -f  ../config/logstash.conf
```

启动成功，如图11-3所示。

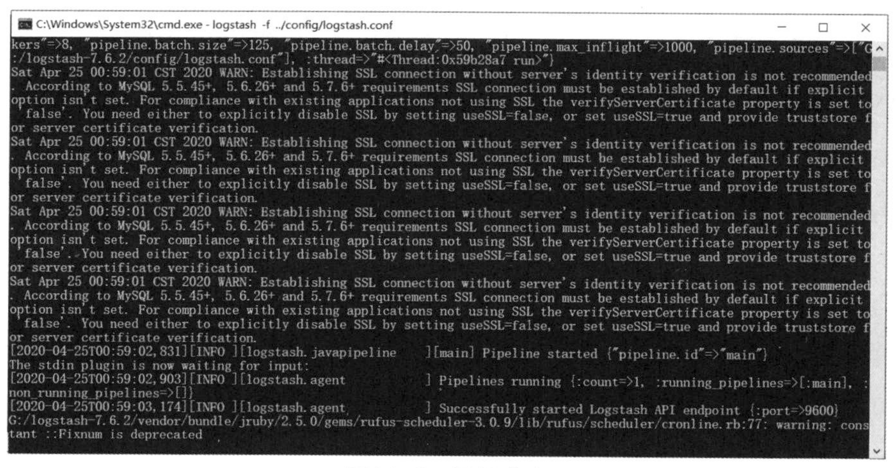

图11-3　运行成功

通过如图11-4所示的效果可以看到已将Logstash扫描的结果直接输入MySQL库表中。

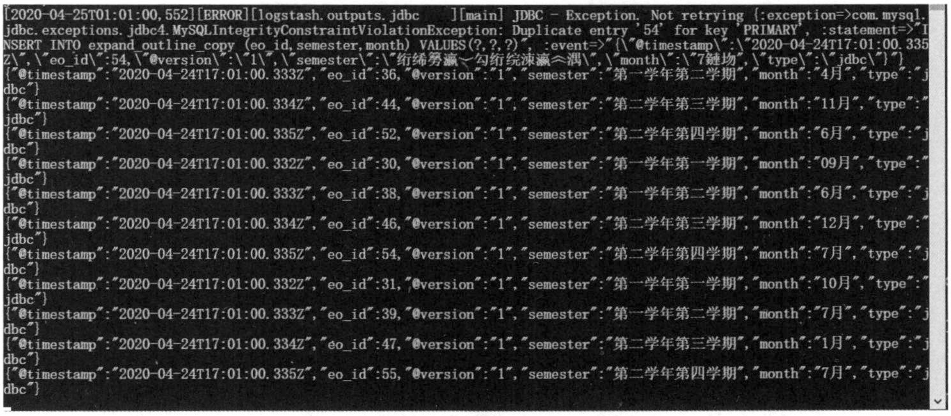

```
[2020-04-25T01:01:00,552][ERROR][logstash.outputs.jdbc    ][main] JDBC - Exception. Not retrying {:exception=>com.mysql.
jdbc.exceptions.jdbc4.MySQLIntegrityConstraintViolationException: Duplicate entry '54' for key 'PRIMARY', :statement=>"I
NSERT INTO expand_outline_copy (eo_id,semester,month) VALUES(?,?,?)", :event=>"{\"@timestamp\":\"2020-04-24T17:01:00.335
Z\",\"eo_id\":54,\"@version\":\"1\",\"semester\":\"绗绨笋瀛﹀勾绗统洓瀛︽湡\",\"month\":\"7鏈坳\",\"type\":\"jdbc\"}"}
{"@timestamp":"2020-04-24T17:01:00.333Z","eo_id":36,"@version":"1","semester":"第一学年第二学期","month":"4月","type":"j
dbc"}
{"@timestamp":"2020-04-24T17:01:00.334Z","eo_id":44,"@version":"1","semester":"第二学年第三学期","month":"11月","type":"
jdbc"}
{"@timestamp":"2020-04-24T17:01:00.335Z","eo_id":52,"@version":"1","semester":"第二学年第四学期","month":"6月","type":"j
dbc"}
{"@timestamp":"2020-04-24T17:01:00.332Z","eo_id":30,"@version":"1","semester":"第一学年第一学期","month":"09月","type":"
jdbc"}
{"@timestamp":"2020-04-24T17:01:00.333Z","eo_id":38,"@version":"1","semester":"第一学年第二学期","month":"6月","type":"j
dbc"}
{"@timestamp":"2020-04-24T17:01:00.334Z","eo_id":46,"@version":"1","semester":"第二学年第三学期","month":"12月","type":"
jdbc"}
{"@timestamp":"2020-04-24T17:01:00.335Z","eo_id":54,"@version":"1","semester":"第二学年第四学期","month":"7月","type":"j
dbc"}
{"@timestamp":"2020-04-24T17:01:00.332Z","eo_id":31,"@version":"1","semester":"第一学年第一学期","month":"10月","type":"
jdbc"}
{"@timestamp":"2020-04-24T17:01:00.333Z","eo_id":39,"@version":"1","semester":"第一学年第二学期","month":"7月","type":"j
dbc"}
{"@timestamp":"2020-04-24T17:01:00.334Z","eo_id":47,"@version":"1","semester":"第二学年第三学期","month":"1月","type":"j
dbc"}
{"@timestamp":"2020-04-24T17:01:00.335Z","eo_id":55,"@version":"1","semester":"第二学年第四学期","month":"7月","type":"j
dbc"}
```

图11-4　写入数据库

项目总体评价

通过学习本项目，检查自己是否掌握了以下技能，在技能检测表中标出已掌握的技能。

评价标准	个人评价	小组评价	教师评价
能够成功配置Logstash			
能够成功查询和添加数据			

备注：A为能做到，B为基本能做到，C为部分能做到，D为基本做不到。

附录　数据采集相关法律

1．明确数据信息收集主体的资格与责任

《中华人民共和国网络安全法》

第二十二条（部分内容）　网络产品、服务具有收集用户信息功能的，其提供者应当向用户明示并取得同意；涉及用户个人信息的，还应当遵守本法和有关法律、行政法规关于个人信息保护的规定。

第四十条　网络运营者应当对其收集的用户信息严格保密，并建立健全用户信息保护制度。

第四十二条　网络运营者不得泄露、篡改、毁损其收集的个人信息；未经被收集者同意，不得向他人提供个人信息。但是，经过处理无法识别特定个人且不能复原的除外。

网络运营者应当采取技术措施和其他必要措施，确保其收集的个人信息安全，防止信息泄露、毁损、丢失。在发生或者可能发生个人信息泄露、毁损、丢失的情况时，应当立即采取补救措施，按照规定及时告知用户并向有关主管部门报告。

第四十三条　个人发现网络运营者违反法律、行政法规的规定或者双方的约定收集、使用其个人信息的，有权要求网络运营者删除其个人信息；发现网络运营者收集、存储的其个人信息有错误的，有权要求网络运营者予以更正。网络运营者应当采取措施予以删除或者更正。

《电信和互联网用户个人信息保护规定》

第十一条　电信业务经营者、互联网信息服务提供者委托他人代理市场销售和技术服务等直接面向用户的服务性工作，涉及收集、使用用户个人信息的，应当对代理人的用户个人信息保护工作进行监督和管理，不得委托不符合本规定有关用户个人信息保护要求的代理人代办相关服务。

第十二条　电信业务经营者、互联网信息服务提供者应当建立用户投诉处理机制，公布有效的联系方式，接受与用户个人信息保护有关的投诉，并自接到投诉之日起十五日内答复投诉人。

2．限定数据信息收集的对象与范围

《电信和互联网用户个人信息保护规定》

第九条　未经用户同意，电信业务经营者、互联网信息服务提供者不得收集、使用用户个人信息。

电信业务经营者、互联网信息服务提供者收集、使用用户个人信息的，应当明确告知用户收集、使用信息的目的、方式和范围，查询、更正信息的渠道以及拒绝提供信息的后果等事项。

电信业务经营者、互联网信息服务提供者不得收集其提供服务所必需以外的用户个人信息或者将信息用于提供服务之外的目的，不得以欺骗、误导或者强迫等方式或者违反法律、行政法规以及双方的约定收集、使用信息。

电信业务经营者、互联网信息服务提供者在用户终止使用电信服务或者互联网信息服务后，应当停止对用户个人信息的收集和使用，并为用户提供注销号码或者账号的服务。

3．规范数据信息收集的方式与要求

《民法总则》

第一百一十一条　自然人的个人信息受法律保护。任何组织和个人需要获取他人个人信息的，应当依法取得并确保信息安全，不得非法收集、使用、加工、传输他人个人信息，不得非法买卖、提供或者公开他人个人信息。

《中华人民共和国网络安全法》

第二十七条　任何个人和组织不得从事非法侵入他人网络、干扰他人网络正常功能、窃取网络数据等危害网络安全的活动；不得提供专门用于从事侵入网络、干扰网络正常功能及防护措施、窃取网络数据等危害网络安全活动的程序、工具；明知他人从事危害网络安全的活动的，不得为其提供技术支持、广告推广、支付结算等帮助。

第三十七条　关键信息基础设施的运营者在中华人民共和国境内运营中收集和产生的个人信息和重要数据应当在境内存储。因业务需要，确需向境外提供的，应当按照国家网信部门会同国务院有关部门制定的办法进行安全评估；法律、行政法规另有规定的，依照其规定。

第四十一条　网络运营者收集、使用个人信息，应当遵循合法、正当、必要的原则，公开收集、使用规则，明示收集、使用信息的目的、方式和范围，并经被收集者同意。

网络运营者不得收集与其提供的服务无关的个人信息，不得违反法律、行政法规的规定和双方的约定收集、使用个人信息，并应当依照法律、行政法规的规定和与用户的约定，处理其保存的个人信息。

4．明确数据信息收集的政府责任

《中华人民共和国网络安全法》

第二十九条　国家支持网络运营者之间在网络安全信息收集、分析、通报和应急处置等方面进行合作，提高网络运营者的安全保障能力。

有关行业组织建立健全本行业的网络安全保护规范和协作机制，加强对网络安全风险的分析评估，定期向会员进行风险警示，支持、协助会员应对网络安全风险。

第五十一条　国家建立网络安全监测预警和信息通报制度。国家网信部门应当统筹协调有关部门加强网络安全信息收集、分析和通报工作，按照规定统一发布网络安全监测预警信息。

参 考 文 献

[1] 甘德拉·库马尔·纳纳，尧戈什·拉姆多斯，约拉姆·奥扎赫．Wireshark 网络分析实战 [M]．孙余强，王涛，译．2版．北京：人民邮电出版社，2019．

[2] 王英英．MySQL 8从入门到精通 [M]．北京：清华大学出版社，2019．

[3] 吕云翔，刘猛猛，欧阳植昊，等．HTML5 基础与实践教程 [M]．北京：机械工业出版社，2020．

[4] 丁亚飞，薛燚．HTML 5+CSS 3+JavaScript 案例实战 [M]．北京：清华大学出版社，2020．

[5] 莫振杰．从0到1 jQuery 快速上手 [M]．北京：人民邮电出版社，2020．

[6] 崔庆才．Python 3网络爬虫开发实战 [M]．北京：人民邮电出版社，2018．

[7] 唐松．Python 网络爬虫从入门到实践 [M]．2版．北京：机械工业出版社，2019．

[8] CHUN WJ．Python 核心编程 [M]．孙波翔，李斌，李晗，译．3版．北京：人民邮电出版社，2018．

[9] 刘凡馨，夏帮贵．Python 3 基础教程 [M]．2版．北京：人民邮电出版社，2020．

[10] 龙中华．Spring Boot 实战派 [M]．北京：电子工业出版社，2020．